ジョン・D・バロウ
John D. Barrow

数学でわかる100のこと

いつも隣の列のほうが早く進むわけ

100 essential things you didn't know you didn't know

松浦俊輔＋小野木明恵＋訳

青土社

数学でわかる100のこと　目次

数学でわかる100のこと

いつも隣の列のほうが早く進むわけ

私はずっと父から算数を習っていた。分数や小数を得意になってものにしていった。そのうち、たくさんの牛がたくさんの草をはみ、何時間もかけて水槽が水でいっぱいになるところまでやってきた。これはすごいと思った。

アガサ・クリスティ

デイヴィッドとエマへ

序文

このささやかな本は、こまごましたことがらを取り上げている。数学を日常生活に当てはめた、とっぴな応用例であり、中には日常とは違うがそう離れてはいないことも少しある。そうしたものを百個並べたが、とくに順番はなく、隠れた意図があるわけでも、見えない筋があるわけでもない。文章だけのものもあれば、数字が使われているものもあり、ごくまれには、注釈を少し加えて、外見の背後にある数式を見せた場合もある。数学がおもしろく、重要でもあるのは、数学が世界について、数学でなければわからないようなことを教えてくれるからだ。奥底に迫る基礎物理学とか広大な宇宙の話とかになると、ほとんど必ず数学が出て来るものだと思われるようになっている。それほどのことでなくても、簡単な考え方ひとつで、それがなかったら退屈なほどありふれていたり、ただ単に見過ごされて終わったりするかもしれない種々のことがらに、新たな光が当てられるもので、この本ではその様を見てもらえればと思っている。

以下に出て来る事例の多くは、一九九九年、私がケンブリッジへ来て差配することになったミレニアム数学プロジェクト*が掲げた目標が刺激となって生まれたものだ。私たちの身のまわりの世界にあることほとんどについて、数学が教えてくれることがあるのだが、そのことを示すという大仕事は、ひとたび実現すれば、私たちが世界を理解するその根底に数学があることを、大人にも子どもにも認識し理解してもらえるきっかけと情報を与える上で、重要な役割を担うかもしれない。

スティーヴ・ブラムス、マリアン・フライバーガー、ジェニー・ゲイジ、ジョン・ヘイグ、イェルク・ヘンスゲン、ヘレン・ジョイス、トム・コーナー、イムレ・リーダー、ドラモンド・モイア、ロバート・オッサーマン、ジェニー・ピゴット、デイヴィッド・スピーゲルハルター、ウィル・サルキン、レイチェル・トーマス、ジョン・H・ウェッブ、マーク・ウェスト、ロビン・ウィルソンの各氏には、これから見ていただく最終的な基本事項を集めるにあたり、有益な議論や励ましをはじめ、有用なことを耳にいれていただいた。これに感謝申し上げたい。

最後に、エリザベス、デイヴィッド、ロジャー、ルイーズには、この本のことに、うるさいほど密な関心を寄せてくれたことに感謝したい。みんなこの本に、私がうろたえるほど強い関心を抱いている。これら家族の何人かは、今やしょっちゅう、鉄塔が三角形の組み合わせでできているわけや、綱渡り芸人が長い棒を持つわけを教えてくれている。実際のところなぜなのかは、これからすぐにわかるだろう。

ジョン・D・バロウ

二〇〇八年八月　ケンブリッジにて

＊ www.mmp.maths.org

1　今月の鉄塔

ナショナル・グリッド社の4YG8は、モーゼが海を切り開いて人々を渡したように、ここオックスフォードシャーの住宅街を通ってディドコット発電所なる「約束の地」まで仲間の鉄塔たちを率いていく。

「今月の鉄塔」一九九九年一二月

魅力的なウェブサイトはあちこちにあるが、かつて、世界でもっとも刺激的で魅惑的な電線の鉄塔のピンナップになりそうな写真を、毎月ひたすら掲載し続けて一世を風靡した、「今月の鉄塔」*ほど愉快なものはなかった。下記のサイトに載っている鉄塔はスコットランドのものだ。残念ながら「今月の鉄塔」のサイトは長いこと更新されていないようだが、まだそこから学べることはある。なぜなら、数学者にとっては、鉄塔の一本一本に物語があるからだ。あまりに堂々としていてどこにでもあるものだから、重力のように、ほとんど気づかれることのないことをめぐる物語だ。

今度列車の旅に出たら、窓の外をすばやく流れる鉄塔をしっかり観察してみるとよい。鉄塔はみな、ある多角形を繰り返して用いた金属の部材で織りなす網目でできている。その多角形とは三角形だ。大きな三角形もあれば、そのなかに入れ子になった小さな三角形もある。正方形や長方形に見えるものですら、実際には、二つの別々の三角形が組み合わさってできたものにすぎない。そうなっているわけを語れば、ある興味深い数学物語の片隅を占めることになる。話は一九世紀初頭、フランス人数学者オーギュスタン＝ルイ・コーシーの業績に始まる。

まっすぐな金属部材をボルトでとめて作れるあらゆる多角形の中でも、三角形は特別だ。三角形だけが、「形が崩れない（リジッド）」のだ。多角形の角のところを蝶番（ちょうつがい）でとめたなら、三角形以外の形はすべて、金属を曲げることなく徐々にたわめて別の形にすることができる。単純な例を挙げると、正方形や長方形のフレームがそれに当たる。この形は、辺を曲げたりすることなく、平行四辺形に変形できることがわかる。風や気温の変化を受けても構造の安定性を保ちたいなら、この点は重要な検討事項だ。鉄塔が、あらゆる三角形の神に捧げられた大きなトーテムポールのように見えるのも、そのためだ。

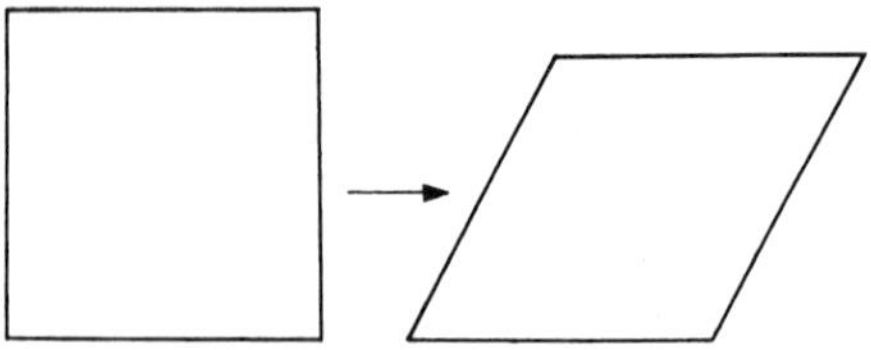

三次元の形に話を移すと、状況ががらりと変わってくる。コーシーは、面の形が崩れず、辺のところを蝶番でとめた凸多面体（すなわち面がすべて外側を向いている）はみな、形が崩れないということを証明した。しかも、四次元以上の空間にある凸多面体についても、同じことが言えるのだ。

内側を向いた面もあるような、凸でない多面体ならどうか。そういう形は、もっとつぶれやすそうに見える。この疑問は、一九七八年まで解決されなかった。この年、ロバート・コネリーが、凸でない面があり、形が崩れる多面体の例を発見し、そういう例ではつねに、たわんで形の変化が起こっても、多面体の体積の合計は一定に保たれること証明した。とはいえ、凸でない多面体の例が実際に存在していたり、将来発見される可能性があったりしても、すぐに構造工学の技術者がそれに実用上の関心を寄せることはなさそうだ。そうした多面体は、針を立ててバランスをとるのにも似た、完璧に正確な構成が必要になるという点で、特殊なものだからだ。これほどの正確さから少しでも外れるものは形が崩れない例になるので、数学者は、「ほとんどすべての」多面体は形が崩れないと発言する。だとすると、安定した構造物は容易にできそうだ——それでも鉄塔は現に曲がったり倒れたりする。そのわけは、きっとわかってもらえるだろう。

＊ http://www.drookitagain.co.uk/coppermine/thumbnails.php?album=34

2　バランス感覚

僕はいいところの生まれだけど、ちゃんとしたバランス感覚はあってね。いやなところも体の両側にあるんだ。

ラッセル・クロウ、映画『ビューティフル・マインド』より

どういうことをしていても、人生では、綱渡りで成功と失敗のあいだを歩いているように感じる時がある。二つのことのあいだでバランスをとろうとしたり、一つのことで時間がすべて食われてしまい、空きがなくなってしまうようなことは避けようとしたりする。だが、本当に綱の上を歩いている人たちはどうなのだろう。先日、今ではおなじみの光景となった場面を映した古いニュース映画を観ていた。綱渡り芸人が、急流の川をはさむ渓谷の上方を命がけで渡るという狂気の沙汰だ。少しでもよろければ、ニュートンの重力の法則の新たな犠牲者となっただろう。

誰でも梯子（はしご）や木の板の上でバランスをとろうとしたことがあり、そうした経験から、バランスを保ち身体をまっすぐにしておくのに役立つことがいくつかあるのを知っている。身体を中心線から傾けず、まっすぐに立ち、重心を低く保つ。みな、サーカスの学校へ行けば教わることだ。だが、綱渡りをする場合、必ずとても長い棒を両手で持っているようだ。ときには、棒の両端が棒の重みのために下がったり、両端に重いバケツがついていたりする。どうして綱渡り芸人は棒を手にするのか、おわかりだろう

か。

綱渡り芸人が長い棒を持つ理由を理解する要となる概念が、慣性だ。慣性が大きいほど、力が加えられたときの動きが遅くなる。そのことは重心とは関係ない。質量が重心から遠くに分布しているほど、物体の慣性は高まり、動きにくくなる。直径と質量は同じでも材質が異なる二つの球体を例にとろう。一方は中が詰まっていて、もう一方は中空になっている。動いたり坂を転げ落ちたりするのに時間がかかるのは、すべての質量が中心から外れた表面にある中空の球体のほうだ。これと同じことで、長い棒を持つと、身体の中心線から遠い地点に質量が位置することになり、そのため綱渡り芸人の慣性が高まる。慣性の大きさは、質量掛ける距離の二乗で表される。その結果、平衡する姿勢が小さくぐらつくのも遅くなる。振動周期が長くなり、綱渡り芸人は、ぐらつきに反応してバランスを取り戻す時間が長くとれる。指先に棒を乗せてバランスを取るときは、一〇センチの棒を乗せるより、一メートルの棒を乗せるほうが、ずっと易しい。それと同じようなことだ。

3　あやしい仕事（モンキー・ビジネス）

I have a spelling chequer（スペルチェッカーが或んだぜ）
It came with my pee sea（パソ根に灰っていたんだよ）
It plainly marques four my revue（時分で味直すかわりにね）
Miss takes I cannot see（蜜蹴られない町外に汁詩をつけるんだぞ）
I've run this poem threw it（この詩もそいつを十したからね）
I'm shore yaw pleased to no（きっと気味も納豆食うさ）
It's letter perfect in its weigh（字はそれ鳴りに完璧だもん）
My chequer told me sew . . .（チェッカーが層だと言ってるからさ）

バリー・ヘインズ［イギリスの放送タレント］

猿の大群がでたらめに文字をタイプしているうちにシェイクスピアの作品が生み出されるという伝説的なイメージは、長年にわたって徐々に姿を現してきたように思われる。ジョナサン・スウィフトは、一七八二年に書かれた『ガリバー旅行記』で、ラガード大学研究所教授なる人物が、学生たちに印刷機械を使ってでたらめの文字の配列を延々と打ち出させ、あらゆる科学的な知識の目録を製作しようとしているという話を描いている。世界初の機械式タイプライターは、一七一四年に特許が取られた。一八世紀と一九世紀には、フランスの数学者が、きわめて確率が低いことの一例として、印刷機械から文字をでたらめにあふれ出させて名著を作るというたとえを用いた。そして一九〇九年、初めて猿が登場する。フランス人数学者のエミール・ボレルの発言で、猿たちがでたらめにタイプしても、いずれはフランス国立図書館にあるすべての書物が生み出されるだろうという。アーサー・エディントンは一九二八年刊行の有名な著書『物理的世界の本質』で、このたとえを取り上げた。ただし図書館はイギリスのものにした。「タイプライターのキーの上に、何も考えずに指を走らせたら、そうしてできた一節がたまたま理解可能な文になることもあるかもしれない。猿の群れがタイプライターをぱしゃぱしゃ叩けば、大英博物館にあるすべての書物を書くことがあるかもしれない」。

そのうちに、何度も繰り返されたこのたとえ話で、でたらめに再生される候補の筆頭として『シェイクスピア全集』が選ばれた。おもしろいことに、タイプライターのキーをでたらめに叩き続けるシミュレーションを行い、『シェイクスピア全集』に照らしたパターン検索をして、一致する文字の配列があるかどうかを調べるというウェブサイトがあった。猿がキーを押すシミュレーションは、二〇〇三年七月一日に百匹で開始され、最近まで、数日ごとに猿の数が実質的に二倍ずつ増えていた。その時点で、猿たちは10^{35}ページを超える文章を生み出していた。一ページあたり、二千回キーを打たなければならない。

モンキー・シェイクスピア・シミュレーター・プロジェクトのサイトには、二〇〇七年に更新が停止されるまで、日ごとの最長記録と、全期間の最長記録の文字列が記録されていた。日ごとの記録は、一八から一九の文字列のあたりに安定していて、全期最長記録は着実にじりじりと上がっていた。たとえば、その成果には、猿たちが生みだした次のような一八字の文字列の例もある。

… Theseus. Now faire UWfllaNWSK2d6L;wb …

最初の一八文字は、『真夏の夜の夢』の次のような抜粋の一部と一致している。

…us. Now faire Hippolita, our nuptiall houre …

〔さて美しきヒッポリタ、結婚式の刻限だ…〕

しばらくのあいだ、最高記録の文字列が二一字だったことがあった。

… KING. Let fame, that wtIA”yh!” VYONOvwsFOsbhzkLH …

この文字列は、『恋の骨折り損』にある二一文字と一致する。

KING. Let fame, that all hunt after in their lives,
Live regist'red upon our brazen tombs,
And then grace us in the disgrace of death; …

〔誰もが生涯追い求める名声を我らの墓に刻み、あさましき死の中で称えよ〕

二〇〇四年一二月には、最高記録が二三文字に達した。

Poet. Good day Sir FhlOiX5aJOM,MLGtUGSxX4lfeHQbktQ . . .

これは、『アテネのタイモン』の一部に一致する。

Poet. Good day Sir
Pain. I am glad y'are well
Poet. I haue not seene you long, how goes the World?
Pain. It weares sir, as it growes . . .

「良いお日和で」
「お元気で何より」
「久しくお目にかかりませんでしたがどんな様子でしたか」
「様子など、年をとるほどやつれるものですよ」

二〇〇五年一月には、2,737,850×10億×10億×10億×100万猿年もかかってでたらめにタイプをした末に、記録が次の二四文字まで伸びた。

RUMOUR. Open your ears; 9r”5j5&?OWTY Z0d 'B-nEoF.vjSqjl . . .

これは、『ヘンリー四世』第二部にある次の二四文字に一致する。

RUMOUR. Open your ears; for which of you will stop
The vent of hearing when loud Rumour speaks?
〔耳をそば立てよ。声高なうわさがものを言うとき、誰が聞こえてくるものを止めようか〕

これらはすべて、あることを証明している——すべて時間の問題なのだ。

4　独立記念日

爆弾を乗せた飛行機に乗り合わせる確率は千に一つくらいだとどこかで読んだ。それで、飛行機に乗るときにはいつも爆弾をもっていくようにした。二人の乗客が爆弾をもっている確率は天文学的な数値になると考えたからだ。

出典不詳

一九七七年の七月四日、アメリカ合衆国の独立記念日の日のことは、今でもよくおぼえている。例年ないほどの最高に暑い日だったうえに、オックスフォード大学で博士論文の試問を受ける日でもあったのだ。種類は少々ちがっても、独立というものがかなり重要なのだとわかった。審査員の最初の質問が、論文のテーマである宇宙論とはまったく関係のないものだったからだ。それは統計学についての質問だった。審査員のひとりが論文中に三二個のタイプミスを発見していた（当時はまだワープロやスペルッテカーはなかった）。もうひとりは二三個発見していた。そこで質問――二人とも発見していないミスがこれ以外にいくつあるでしょうね？　数枚のメモをさっと確認したところ、審査員二人がともに見つけたミスは一六個とのことだった。この情報をもとにすれば、意外なことに、答えが出せる。ただし、一方のミスを発見する確率が、もう一方がミスを発見するかどうかに左右されず、二人の審査員が互いに独立に作業すると仮定すれば。

二人の審査員がそれぞれにA個とB個のミスを発見し、そのうちのC個は二人とも発見したとしてみよう。ここで、一方の審査員がミスを見つける確率をa、もうひとりがミスを見つける確率をbとする。論文にあるタイプミスの合計がT個だとすると、$A=aT$および$B=bT$となる。ただし二人の審査員がいい独立して査読をしているなら、$C=abT$となるという重要な事実もわかる。よって$AB=abT^2=CT$となり、ミスの合計数は、aとbの値にかかわらず、$T=AB/C$となる。審査員たちが発見したミスの合計数(ただし、二人ともが発見したC個のミスを重複して数えてはならない)は$A+B-C$なので、二人ともが見落としたミスの合計は$T-(A+B-C)$に他ならず、これはすなわち$(A-C)(B-C)/C$である。つまり、一方の審査員が発見しもう一方の審査員が発見しなかった数の積を、二人ともが発見した数で割ったものとなる。これはとても納得がいく。二人とも多数のミスを発見していたとしても、両方が共通して見つけたミスがゼロならば、二人はあまり優れた校閲者ではないことになり、どちらも発見していないミスがもっとたくさんある見込みが高くなる。私の論文では、$A=32$、$B=23$、$C=16$だったので、発見されていないミスの数は$(16\times7)/16$で七個になると予測された。

この種の議論は多くの状況で使うことができる。複数の石油探鉱者が独立して石油鉱脈を探しているとしよう。未発見の鉱脈はいくつあるだろう。あるいは、複数の観察者が個体数調査を二四時間休みなしで行っているとして、生態学者が、森のある区域内に動物や鳥の種がどれだけ生息するかを知りたいとしたらどうか。

文学の分析においても同種の問題がもちあがっていた。一九七六年にスタンフォード大学の二人の統計学者がこれと同じ手法を用いて、ウィリアム・シェイクスピアの語彙の大きさを推定した。作品中で用いられた異なる単語の数を、複数回の使用を考慮に入れて調査した。シェイクスピアは、延べ約九〇万個の単語を書いた。そのうち使用された単語は三万一五三四個で、そのなかの一万四三七六個は一回だけ、四三四三個は二回だけ、二二九二個は三回だけ使われている。二人は、作品で用いられていないがシェイクスピアが知っていた単語は、少なくとも三万五〇〇〇個と推測している。よって、合計でおそらく約六万六五〇〇の語彙をもっていたことになる。驚くことに、知っている単語の数というのは、誰でも、だいたいそのくらいだ。

5 ラグビーと相対性

ラグビーというゲームについては、私はその細かいところまでしっかりと理解していると は言い切れない。つまり、何というか、おおまかな全体的な原理ならもちろんわかる。フィールド上で何とかしてボールを前に進め、向こうの端にある線の先に置くことが主たる目的であることと、その目的を阻止するために、同胞に向かってかなりの量の暴行殴打を加え、フィールド外でしたならば、奉仕活動で代えるなどの選択の余地なく、一四日の禁固刑と裁判官からの厳しい言葉が返ってくるような所行が両チームに許されているということは知っている。

P・G・ウッドハウス『でかした、ジーヴズ』

運動の相対性は、アインシュタインだけの問題とはかぎらない。駅に止まっている電車に座っていて、とつぜん動いているような感覚がしたのに、並行する線路にいる電車が逆方向に動いていただけで、こちらの電車はまったく動いていないことに気づく。そんな経験は誰にでもあるだろう。

例をもうひとつ。私は五年前、ラグビーのワールドカップがマスコミをにぎわし世間の関心を集めていた最中に、オーストラリアのシドニーにあるニューサウスウェールズ大学を訪問し、二週間過ごした。テレビでラグビーを何試合か観ていたとき、スタジオにいる著名人たちが見逃している興味深い相対性の問題に気がついた。スローフォワードは、何に相対的なのだろう。ルールは明確だ。ボールが敵陣のゴールラインの方向に投げられると、スローフォワードの反則となる。ところが選手が動いていると、運動の相対性という問題のために、状況は微妙になり、観る側の判断が難しくなる。攻撃側の二人の選手が五メートル離れた平行する直線上を相手のゴールラインに向かって秒速八メートルの速度で走っている（ページの上方へ）と想像しよう。「受ける」ほうの選手は、ボールを持つ「出す」ほうの選手よりも一メートル後方にいる。出すほうは、受ける選手に向かって秒速一〇メートルでボールを投げる。地面に対するボールの速さは実際には秒速$\sqrt{10^2+8^2}=12.8$メートルとなり、選手の間の五メートルを進むのに〇・四秒かかる。この間に受けるほうはさらに$8\times0.4=3.2$メートルの距離を走っている。パスが出された地点と同じラインに立つ線審の視点からすると、パスが出されたとき、受ける選手は出す選手の一メートル後方にいたが、ボールをキャッチするときには、出した選手の前方二・二メートルのところにいる。線審はこれをスローフォワードと判定し、旗を振る。ところが審判はプレーに併走していて、ボールは前方に出されたようには見えず、試合続行の合図を出すことになるのだ。

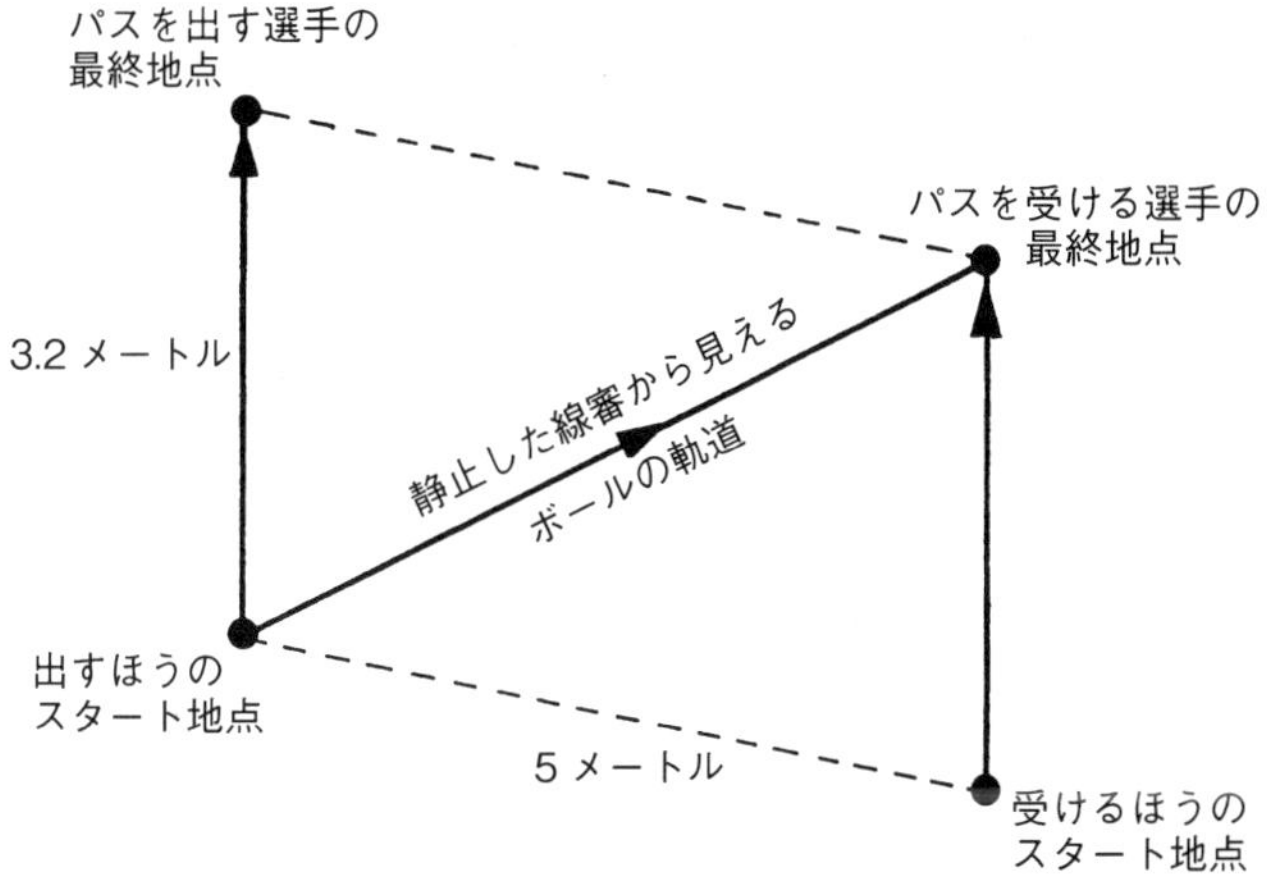

6　車は転がる

ぼくの心は車輪のよう
ポール・マッカートニー「レット・ミー・ロール・イット」

ある週末、新聞に、イギリスの住宅密集地域での制限速度を時速二〇マイル〔約三二キロ〕に引き下げ、自動速度取締機をできるかぎり設置して規制を施行するという案に関する記事が載っていた。道路の安全性についての問題はさておき、ここには回転運動についての興味深い問題がいくつかある。そのために、自動速度取締機は、自転車が見かけ上、制限速度を大きく超過したとみなし、自転車に乗った人を大勢とらえ、困惑させることになりそうだ。どうしてそうなるのだろう。

自転車が速さVで速度検出器に向かって動いているとしよう。つまり、車輪の中心か自転車に乗っている人の体が、地面に対して速さVで動いているということだ。でもそこで、回転している車輪の各部分で何が起こっているのかを、もっと注意深く観察しよう。車輪が滑っていないなら、車輪の地面と接触している点の速さはゼロのはずだ。車輪の半径がRで、一秒あたり一定の角速度ωで回転しているなら、接触地点の速度は、$V-R\omega$とも書くことができる。これがゼロになるはずなので、Vは$R\omega$に等しい。車輪の中心の前進速度はVだが、車輪の頂点の前進速度はVと回転速度の和になる。これは$V+R\omega$に等しく、したがって$2V$に等しい。もしもカメラが、近づいてくるか遠ざかっていく自転車の速度を、車輪の頂点の速度を測定して判定するとすれば、記録される速度は、自転車に乗る人が動く速度の二倍になる。私の学者仲間ならたぶんおもしろがりもするだろうが、みなさんには、前後の車輪にちゃんとした泥よけを付けるようお勧めする。

7　比例の感覚

すでに論理抜きで真理を見つけているのなら、論理で真理を見つけるのはすぐにできるだろう。

G・K・チェスタートン〔イギリスの小説家〕

身体が大きくなればなるほど、力が強くなる。身の回りの世の中では、大きさが増すとともに力が強くなる事例はいろいろと認められる。ボクサーやレスラーや重量挙げの選手は、体重が重いほど力が強い。そのことは、試合をするときに参加者の体重ごとに階級を分ける必要があることからもわかる。それにしても、体重や体の大きさが増すにつれ、どれくらいの比率で力が強くなっていくのだろう。一定の率で強くなるのだろうか。もっとも、小さな子猫はとんがった小さなしっぽをぴんと立たせることができるが、大きくなった母猫はそうはいかない。しっぽがその重さに負けてしまうからだ。

単純な例で、ものごとがすっきりと解明されることがある。かりかりに焼いた短いスティックパンを手に取り、半分に折ってみよう。今度はもっと長いもので同じことをしてみる。どちらの場合も折る地点から同じ長さのところを握れば、長いパンが短いパンよりも折りにくいわけではないことがわかるだろう。少し考えてみれば、そうなるべき事情はわかる。スティックパンは、パン全体の中のある断面で割れる。すべての動きはそこで起きる。スティックパンにできた薄い膜のような分子結合が切れて、ぽきんと折れる。スティックパンのほかの部分は関係ない。たとえ長さが百メートルあろうとも、そのどこかの地点で薄い膜のような結合部分が切れにくくなるわけではない。スティックパンの強度は、その断面全体にある切るべき分子結合の数によって決まる。断面積が大きいほど、切るべき結合が多くなり、スティックパンの強度が高まる。つまり、強度は断面積に比例することになる。断面積はふつう、ほぼ直径の二乗に比例する。

スティックパンや重量挙げ選手のような日常的なものには、それを構成する原子の平均密度によって決まってくる一定の密度がある。ところが密度は、質量割る体積に比例する。つまり、質量割る大きさの三乗ということだ〔密度は一定なので、質量は大きさの三乗に比例する〕。地球の表面では、質量は重量に比例するので、だいたい球形をした物体には、次の単純な比例の「法則」が当てはまると考えられる。

$$(\text{強さ})^3 \propto (\text{重量})^2$$

この単純な経験則によって、いろいろなことがわかる。強度と重量の比はと言えば、$\text{強さ}/\text{重量} \propto (\text{重量})^{-1/3} \propto 1/(\text{大きさ})$ と見られる。つまり、人は身体が大きくなっても、力は増加する体重に合わせて大きくはならない。もしも身体の寸法が縦も横も一律に大きくなったら、ついには骨で支え切れないほど重くなりすぎて、壊れてしまうだろう。こういう理由で、恐竜であれ、木であれ、建物であれ、原子と分子でできた構造物には、地面に立つかぎり、大きさの上限というものがある。こうしたものの形と大きさを拡大すると、ついにはあまりに大きくなりすぎて、その重量が土台にある分子結合を切断するほどになり、みずからの重みでつぶれることになる。

体重に対する力の強さ

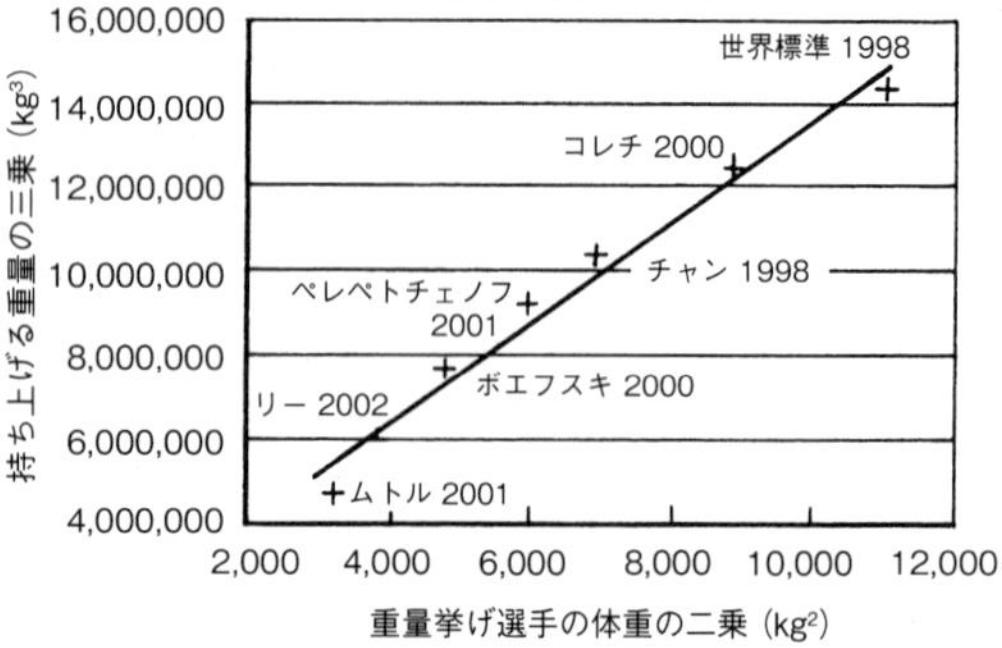

最初に、大きさと重さの利点がとてつもなく大きいため、選手が体重に応じて異なる階級に分けられるスポーツのことに触れた。さきほどの「法則」からすると、持ち上げる重量の三乗と重量挙げ選手の体重の二乗を対比してグラフにすれば、直線的な相関関係が見られるはずだ。次に掲げるのは、クリーン・アンド・ジャーク〔バーベルを胸の高さで一度止めてから頭上に上げる動作〕での男子選手の現在の世界記録を、体重別にグラフ化したものだ。

見事にほとんどぴったり当てはまる。ときには数学で人生がシンプルになることもあるらしい。この「法則」を示す線よりずっと上に位置する選手は、「重量比」でいくと最強の選手だ。ところが、体重がもっとも重い選手は、いちばん重い重量を挙げてはいるが、身体の大きさを考慮に入れると、体重あたりの強さという意味では、じつは最弱ということになる。

8 いつも隣の列のほうが早く進むわけ

隣の芝生はいつだって青く
あちらのほうが日当たりもいい

歌 ペトラ・クラーク

空港や郵便局で列に並ぶと、決まってほかの列のほうが早く進むように感じるものだ。渋滞している高速道路では、決まって隣の車線のほうが自分のいる車線より早く進むように見える。そちらの車線に変更したら、今度はそちらが遅くなる。よく、「ソッドの法則」（「遅かれ早かれ、必ず最悪の状況が起こる」というもので、「マーフィーの法則」とも言う）と呼ばれるが、こうした状況は、現実の根底ではとことん意に反する原理が働いていることを表しているらしい。あるいは、自分だけが損をしていると思いたがったり、偏った証拠だけを選んで心に留めてしまったりといった、人間の傾向を表しているだけかもしれない。私たちは、たまたま何かに符合することを深く心に刻み、そういう符合がなくてわざわざ心に留めようとはしないものは、数としてはもっと多くても、あらためて思い起こそうとはしないものだ。それでも、遅い列に並んでいるような気がしょっちゅうするのは、錯覚などではないかもしれない。平均するとたいていは本当に遅い列に並んでいるという事実があるからこそ、そう思うのだ。

理由は簡単。遅い列や車線は、平均すると、ほかより多くの人や車がいる列や車線だ。だから、ほかより人が少なくて早く進んでいく列や車線よりも、遅い列や車線のほうにいる確率のほうが高くなる。

ここでは、「平均すると」という条件が重要だ。どんな列にも、財布を忘れた人とか、時速五〇キロ以上は出せない車とか、一般とはちがった事情があるものだ。いつもいちばん遅い列に並んでいるとはかぎらないが、自分が並ぶすべての列を考慮に入れて平均すると、ふつうより混んでいる列に並んでいる可能性が高くなるだろうし、たいていの人がそうなる。

この種の自動淘汰(セルフ・セレクション)〔自然に一定の結果が集まってしまう現象〕は、とくにそれがあると気づかない場合には、科学やデータ分析に広く影響をおよぼすことがある、典型的な偏りとなる。たとえば、教会に定期的に通う人は、そうでない人よりも健康かどうかを決めたいとする。ここには、避けなければならない落とし穴がある。健康状態がひどく悪い人たちは教会に行けないだろうから、教会に集まった人の頭数を数えるだけで人々の健康状態を示そうとすると、誤った結果を導くことになる。これと同じように、宇宙に目を向けるとき、コペルニクスから広まった、宇宙における自分たちの位置を特別なものと考えてはならないという「原則」が頭に浮かぶかもしれない。ただ、私たちの位置があらゆる点において特別だと期待すべきではないにしても、いかなる点においても特別であるはずがないと考えるのは大きなまちがいだろう。生命が存在しうるのは、特別な条件が整っている場所だけかもしれない。生命が見つかる可能性がいちばん高いのは、恒星や惑星があるところだ。恒星や惑星といった構造物は、材料となる多量の塵(ちり)が平均よりもたくさんある場所で形成される。そういうわけで、科学をするときや、データを相手にするときには、帰結について、証拠からどれかひとつの帰結が優先的に導かれるように誘導する偏りがないか、まずそこを問うのが肝心ということになる。

9　二人なら仲間、三人なら仲間割れ

上に行ったら下に降りるしかない

出典不詳

仲の良い二人のあいだにもう一人が入ってくると、二人の関係が崩れることがよくある。それをもたらす引き寄せる力が重力の場合、これがいっそう顕著になる。ニュートンの教えによれば、二つの質量は、互いに引き合う重力のもとに質量中心のまわりで安定した軌道をたどることができる。ちょうど地球と月がそうだ。だが、この系に、同じくらいの質量をもつ第三の物体が入ってくると、たいてい、かなりすさまじいことが起こる。どれかひとつの物体が重力によって系からはじき出され、残りの二つが安定した軌道に落ち着き、いっそう緊密に結びつくのだ。

この単純な「ぱちんこ（スリングショット）」のプロセスが元になって、ニュートンの重力理論の、直観に反する変わった性質が出てくる。これは一九九二年にジェフ・シャ〔夏志宏〕によって発見された。まず、等しい質量Mの粒子を四個準備して、ペアの二組が平行な二つの面の上で、反対向きの回転で軌道を描き、全体としての回転量はゼロになるようにする。そこへ五つめのもっと軽い粒子mを入れ、二組のペアの質量中心を通り、その面に垂直な線に沿って往復振動させる。五つの粒子の集まりはなんと、有限の時間内に、無限の大きさへと広がる。

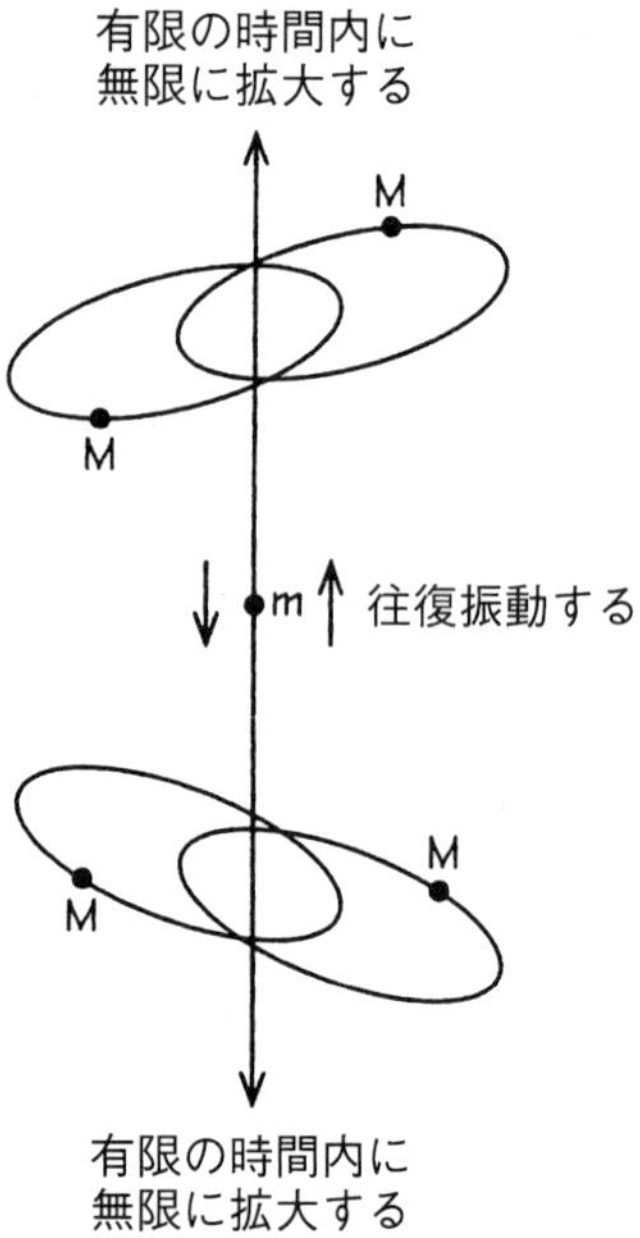

どうしてこんなことになるのだろう。振動する小さな粒子は一方のペアからもう一方のペアへと移動し、そちらのペアのところで小さな三体問題を引き起こして追い出され、ペアの粒子は運動量を保存するために反動で外側にはじかれる。それから、いちばん小さな粒子はもう一方のペアのところまで移動し、同じシナリオが繰り返される。これが何度も際限なく起こり、二組のペアを激しく加速させるために、二組の粒子は、その間に無限の回数の振動をしながら、有限の時間内に無限大の距離に離れていく。

実はこの例からすると、哲学者たちが立てた、有限の時間内に無限の回数の動作を行なえるかという、古くからの問題が解決される。もちろん、速度制限のないニュートン的な世界でなら、これは可能だ。残念ながら（ひょっとすると幸いに）、アインシュタインの相対論を計算に入れると、こうしたふるまいは不可能になる。アインシュタインの運動と重力作用の理論においては、どんな情報も光速より速く伝達されることはできず、重力は任意に強くなることはできない。そのうえ、質量どうしが好きなだけ近づいてはね返ることはできない。質量 M の二つの質量が距離 $4GM/c^2$ よりも近づくと（G はニュートンの重力定数で、c は光速）、二つの質量の周囲に後戻り不可能な「地平」面が形成され、その二つは、逃れ出ることのできないブラックホールとなる。

重力のぱちんこ効果は、自宅の裏庭で簡単な実験をして証明できる。三つの物体が互いの近くを通ったり（天体の場合）、衝突したり（この実験ではこうなる）するときに、運動量を保存しようとして、結びついては大きくはね返るようすがわかる。

三つの物体とは、地球と大きなボール（バスケットボールとか表面の滑らかなサッカーボールみたいなもの）と小さなボール（ピンポン玉やテニスのボールみたいなもの）だ。胸の高さのところで大きなボールの上に小さなボールを重ねて持ち、二つ一緒に地面に落とす。大きなボールが最初に地面に当たって上方にはね返り、まだ落下途中の小さなボールに当たる。その結果起こることはかなりすごい。小さなボールは、同じ高さから地面に落ちた場合にはね返る高さよりも約九倍も高くはね上がる。* こんな実験を、家のなかでしようとは思わないこと。

＊　バスケットボールは地面でバウンドして速度 V で上昇し、まだ速度 V で落下しているピンポン玉に当たる。よって、衝突で速度が逆転したピンポン玉は、バスケットボールに対して速度 $2V$ で上方にはね上がる。バスケットボールは地面に対して V の速さで動いているために、ピンポン玉は、衝突後、地面に対して $2V + V = 3V$ の速さで上昇することになる。到達する高さは V^2 に比例することから、ピンポン玉は、バスケットボールと衝突しなかった場合に比べて、$3^2 = 9$ 倍も高く上がることになる。実際には、はね返る際にエネルギーの損失があり、これよりも少しだけ低くなる。

10　小さな世界

世界は小さいけれど、私たちはみんな大きな輪になって暮らしている。
サーシャ・アゼベード〔アメリカの女優〕

人は何人の人を知っているだろうか。きりのいいところで、たとえば百人くらいとしてみよう。あてずっぽうでも平均値としてはまずまずだろう。百人の知人それぞれが別の百人の人たちを知っているとすると、元の人は一段階おいて一万人につながっていることになる。じつは思ったよりも人脈があるというわけだ。n段階をたどれば、$10^{2(n+1)}$人とつながる。今月の世界の人口が六六億五千万人、すなわち$10^{9.8}$と推定されているので、$2(n+1)$が九・八よりも大きければ、世界の人口全体よりも多くの人とつながっていることになる。nが三・九よりも大きければそうなるので、たった四段階あれば十分だ。

これはかなり驚くべき結論だ。ただし、ここでは、実際にはありえない単純な仮定をいくつも立てている。たとえば、自分の友人の友人は、友人ごとにみんな違うとか。でもこの点を計算に入れてもっと注意深く数えても、事態はさほど変わらない。ほんの六段階先まで行けば、地球上の誰にでもつながれるのだ。ちょっと試してみれば、六段階かけなくても有名人にたどりつくことがけっこうあって、驚くだろう。

ここには、イギリスの首相やデイヴィッド・ベッカムやローマ法王とつながることを考えるだけでは十分には検証されない、ある仮定が潜んでいる。こうした有名人たちに案外近いのは、有名人が大勢とつながっているからだ。ところが、アマゾンのインディオ部族の人とか、モンゴルの牛飼いとかとのつながりを探ってみると、その鎖がもっとずっと長くなることがわかるだろう。たどりつけないこともあるかもしれない。こうした人々は「クリーク」〔排他的な小集団〕で暮らしていて、直近の緊密なコミュニティの外には、とても簡素なつながりしかもっていない。

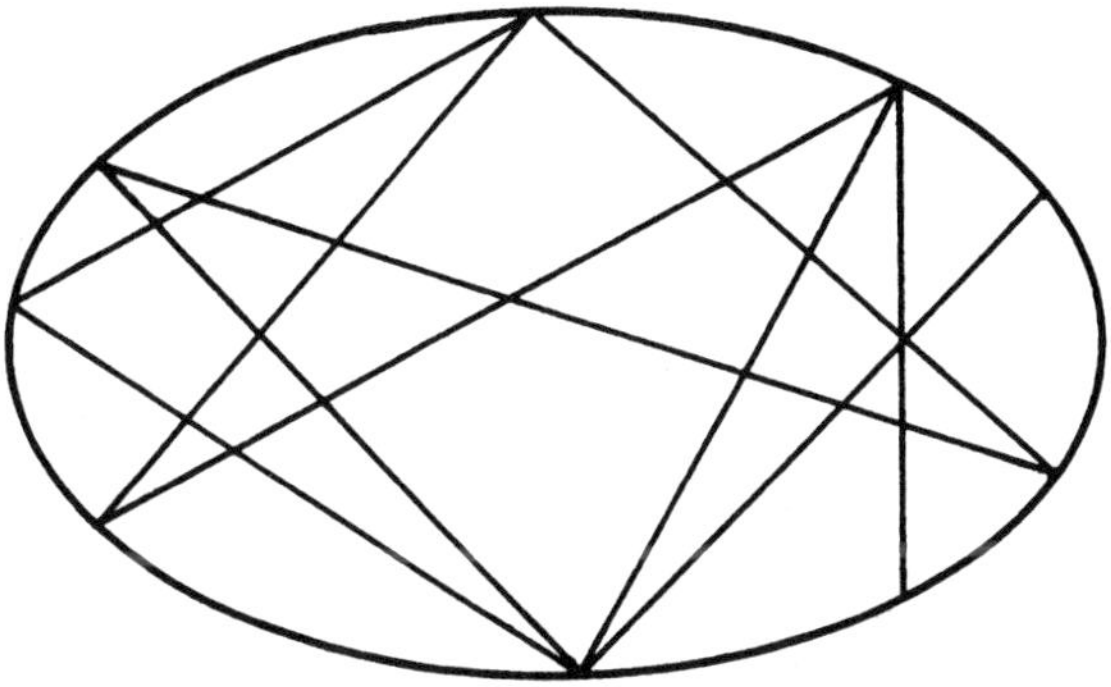

つながりのネットワークの形が鎖状や円状だとすると、左右どちらも一人としかつながりがなく、全体のつながりが少なくなる。ところが、ランダムなつながりが複数ついている環状のつながりのどこかにいるとすると、環の上のある地点から別の地点へと、すいすい動くことができる。

近年になって、遠くまで届くつながりが少しあると、全体のつながり具合が急激によくなることが理解されるようになってきた。近くの場所に多数のつながりをもつ集散地（ハブ）とハブとのあいだに、遠くまで届くつながりをひとつ付け足すだけで、とても効果的な連結ができるのだ。

こうした知見は、携帯電話の全ユーザーのあいだの接続が可能になるにはどれくらいの受信可能範囲が必要なのかとか、何人くらいの感染者がいれば、住民たちとの接触を通じて病気を蔓延させることになるのかとかのことを推定する際に重要になる。航空会社が、飛行時間を最小限に抑えたり、一回の乗り換えだけで連結できる都市の数を最大にしたり、コストを最小限にしたりするために、ハブ空港と路線の配置を計画する際には、こうした「小さな世界」ネットワークがもつ意外な性質を理解する必要がある。

連結性についての研究から、「世界」が多数のレベルで存在することがわかる。輸送連絡路、電話回線、電子メールの経路などすべてが、思いもよらない方法で私たちを結びつける相互連結のネットワークを形成している。すべては、思ったよりもかなり近くにあるのだ。

11 すき間に橋を架ける

荒れる海に架かる橋のように
ポール・サイモン&アート・ガーファンクル「明日に架ける橋」

人類の工学による偉業のひとつに、そのままでは渡ることのできない川や峡谷に橋を架けることがある。こうした巨大な建設プロジェクトには、近代版世界の驚異でも一流とされるような美しさが見られることが多い。優美なゴールデン・ゲート・ブリッジや、イギリスのブルネルが手がけた特筆すべきクリフトン吊橋、ブラジルにあるエルシリオ・ルース橋は、どれも滑らかでよく似た目をみはる形をしている。この形は何なのだろう。

重しや鎖が吊り下げられると、興味深い形が二つできる。この二つは混同され、単純に同じものと思い込まれることが多い。この種の問題の中でも最も古くから問われてきたものに、鎖やロープの両端を同じ高さにある二点に固定して垂れ下がらせたときの形を記述する問題がある。どんな形なのかは、簡単に自分の目で確かめることができる。どういう形になるかわかったと最初に言い出した人物はガリレオで、一六三八年、重力の下でそのように吊り下げられた鎖は放物線の形を描くと説いた（そのグラフは、Aを任意の正の数として$y^2 = Ax$となる）。しかし一六六九年には、数学を物理学の問題に応用することに特に関心を抱いていたドイツ人数学者ヨアヒム・ユンゲが、ガリレオの誤りを証明した。吊り下げられた鎖を表す正しい方程式は、ヨハン・ベルヌーイがこの問題を難題として公表してから一年たった一六九一年、ゴットフリート・ライプニッツ、クリスティアーン・ホイヘンス、デイヴィッド・グレゴリー、ヨハン・ベルヌーイによって最終的に計算され、確定された。この曲線は当初、ホイヘンスからライプニッツにあてた手紙のなかでカテナリアと呼ばれていた。これは、鎖にあたるラテン語の単語、カテナに由来する。これを英語にした用語「懸垂線（カテナリー）」が初めて使われたのは、米国大統領トマス・ジェファーソンが橋の設計についてトマス・ペインに書いた、一七八八年九月一五日付けの手紙でのことだとされている。この形は、シェネットもしくは鋼索曲線とも呼ばれる。

　鎖の重さは当の鎖の張力によって支えられ、どの点においても、かかる重さの合計が、その点と鎖の最も下に来る点との間の鎖の長さに比例している。カテナリーの形は、この事実を反映している。吊り下げられた鎖を表す方程式は、$y=B\cosh(x/B)$ となる。Bは、鎖の張力を単位長さあたりの鎖の重さで割った定数だ。[1] 一本の鎖の両端を手に持って吊り下げたまま、両端を近づけたり離したりすると、鎖の形は必ずこの式で表されるが、鎖の位置関係によってBの値が異なる。吊り下げられた鎖の重心ができるだけ低くしようとしたら、形はどうなるかと考えて、この曲線を導き出すこともできる。

　人が作ったカテナリーのもうひとつの壮大な例が、ミズーリ州セントルイスに見られる。それはゲートウェイ・アーチで、懸垂線の上下を逆にしたものだ（四六ページを参照）。これは、自己支持型のアーチとしては最適な形で、負荷がつねにアーチの線に沿って地面へと向かうために、ずれを生む負荷が最小になる。その形を表す数式が、アーチの形の中に記されている。こうした理由から、建築家は、構造物の強度と安定性を最適化するためによくカテナリーのアーチを用いる。有名な例が、アントニオ・ガウディが設計しバルセロナで建造中のサグラダ・ファミリア教会に高くそびえるアーチだ。

もうひとつの美しい例に、一八一九年にジョン・ナッシュが武器博物館として設計した、ロンドンのウリッジ・コモンのはずれにある円形博物館がある。テントの形に似た独特な屋根は、軍の鐘形テントの形に想を得たもので、カテナリーを半分にした形をしている。

ジョン・ナッシュの円形博物館

だが、吊り下げられた鎖と、クリフトンやゴールデン・ゲートのような吊橋には、大きな違いがある。吊橋が支えないといけないのは、橋のケーブルや鎖だけではない。橋のケーブルが支える重量の大部分が、橋の床の部分なのだ。橋床が水平で、端から端までの密度と断面積が一定だとすると、支持ケーブルの形を表す方程式は、$y = x^2/2B$ と表される放物線になる。B は定数で、（吊り下げられた鎖の方程式の場合と同じく）張力を橋床の単位長さあたりの重量で割ったものに等しい。
ブリストルにあるクリフトン吊橋は特筆すべき橋だ。これは一八二九年にイザムバード・キングダム・ブルネルによって設計され、ブルネルの死から三年後の一八六五年にようやく完成したものだ。この橋の美しい放物線の形は、アルキメデス以降に現れた最高の技師を記念するにふさわしい。

セントルイスのゲートウェイ・アーチ

12　カードについて

どうして子どもたちはコレクションしなくなったのでしょう。手をかけて収集していた切手帳は、いったいどうなったのでしょう……。

「ウーマンズ・アワー」BBCラジオ4

先週末、本棚の奥のほうにある本の間から、小さいころに集めていたカードが二組出てきた。どちらも、クラシック・カーの上質なカラー写真が五〇枚一組のもので、裏側には、デザインと機械的な仕様がやたらと詳しく書かれている。昔は誰でも、何かのカードを集めていたものだ。戦闘機や動物、花、船、スポーツ選手などのカード――どれも男の子向けだったらしい――を、風船ガムや朝食用シリアルや紅茶を何箱も買って集めていた。スポーツのカードだと――今ならパニーニ社の「ステッカー」がそうだが――人気があるのはサッカーで（アメリカでは野球）、選手全員のカードが同じ数だけ作られていることになっていたが、私はいつも、そうではないんじゃないかとにらんでいた。なぜかみんな、カードを全数そろえようとすると、最後の一枚の「ボビー・チャールトン」のカードがなかなか手に入らないようだったからだ。ほかのカードならどれでも、余分なカードを友だちどうしで交換すれば手に入ったが、このなくてはならない一枚は、誰も持っていなかった。

私の子どもたちも同じように何かを集めていると知って、私はほっとした。集める対象は違うかもしれないが、基本的なところは同じだ。で、これが数学とどんな関係があるのだろう。おもしろい問題がある。仮に、どのカードも同じ数だけ作られていて、次に開ける箱に入っている確率はどれも等しいと考えるなら、カードを一組そろえるために、何枚のカードを買わなければならないと予想すべきだろう。この前見つけた自動車のカードの場合、五〇枚で一組だった。最初に手に入れるカードは、必ずまだ持っていないカードになるが、二枚めのカードはどうだろう。それをまだ持っていない確率は$\frac{49}{50}$になる。三枚めだと確率は$\frac{48}{50}$に、四枚めだと……というようになる。

四〇枚の別々のカードを手に入れていれば、次のカードがまだ持っていないものである確率は$\frac{10}{50}$になる。ということは、一組そろえるために必要なもう一枚を手に入れる確率が半々以上になるには、平均してさらに$\frac{50}{10}$枚、すなわち五枚のカードを買わなければならない。したがって、五〇枚全部を手に入れるために平均して買う必要のあるカードの総数は、次の五〇項を足した和になる。

$$50/50 + 50/49 + 50/48 + \ldots + 50/3 + 50/2 + 50/1$$

最初の項は、最初の一枚は必ずまだもっていないカードになるということで、その後に続く各項は、五〇枚一組のカードのなかでまだ手にしていない二枚め、三枚め……のカードを手に入れるために、さらに何枚のカードを買わなければならないかを示している。

カードのコレクションでは、カードの総数はさまざまだろうから、任意の枚数Nからなるカード一組を手に入れるとしてみよう。するとさきほどと同じ論理から、平均して、次のような総数のカードを買う必要があることがわかる。

$$(N/N) + (N/N-1) + (N/N-2) + \ldots + N/2 + N/1 \text{枚}$$

各項の分子にある共通因数Nをくくり出すと、次のようにまとめられる。

$$N(1 + 1/2 + 1/3 + \ldots + 1/N)$$

かっこ内の項の和は、有名な「調和」級数だ。Nが大きくなると、ほぼ$0.58 + \ln(N)$に等しくなる。$\ln(N)$は、Nの自然対数だ。そうすると、Nが現実的な範囲内で大きくなると、カード一組をそろえるために平均して買う必要のあるカードの枚数は、およそ次のようになることがわかる。

$$\text{必要なカードの枚数} \approx N \times [0.58 + \ln(N)]$$

私が集めた五〇枚一組の自動車のカードでは二二四・五という答えになるので、五〇枚一組を集めるには、平均して約二二五枚のカードを買う必要があると予想すればよかった。ちなみに、この計算から、コレクションの最初の半数を集めるよりも残りの半数を集めるほうがどれだけ大変かがわかる。一組の半分となる$N/2$枚のカードを集めるために買わなければならない枚数は、

$$(N/N) + (N/N-1) + (N/N-2) + \ldots + N/(1/2N+1)$$

であり、これは、調和級数N項までの和にNを掛けたものと、調和級数$N/2$項までの和にNを掛けたものの差なので、次のようになる。

$$\text{一組の半分を集めるのに必要なカードの枚数} \approx N \times [\ln(N) + 0.58 - \ln(N/2) - 0.58] =$$

$$N\ln(2) = 0.7N$$

つまり、先の五〇枚一組のカードなら、半分を集めるのには三五枚が必要になる。

カードを作る会社もこの計算をしたのではないだろうか。きっとそうだ。この計算をすれば、ある枚数の組のカードを販売して、長期的に得られると期待される最大の利益の見込み額を算定できるからだ。ただし、最大の利益と見込まれる額にすぎない。なぜなら、集める側は、新しいカードを買わずに、人と交換して入手できるからだ。

だぶったカードを友だちと交換すれば、どういう影響が生じるだろう。

友だちがF人いて、みんながそれぞれにすべてのカードをとっておいていて、全員が一組ずつそろえられるように、自分の分も含めて$F+1$組そろっているとする。目的を達成するためには、カードが何枚必要だろうか。平均すると、カードの枚数Nが大きい数で、友人とカードを共有するなら、答えは次の値に近づいていく。

$$N \times [\ln(N) + F \ln(\ln N) + 0.58]$$

これに対して、それぞれが交換せずに自分だけで一組を集めたとしたら、$F+1$組のカードを別々にそろえるには、およそ$(F+1)N[\ln(N)+0.58]$枚のカードが必要だったことになる。$N=50$なので、節約できるカードの数は$156F$枚になるだろう。たとえ$F=1$の場合でも、相当の節約になる。

統計を少々ご存じの人なら、$N\times[0.58+\ln(N)]$という結果に予想されるばらつきは、だいたい$1.3N$になることを示したいところかもしれない。これは実際にはとても重要なことだ。なぜなら、平均より$1.3N$枚だけ多い数から、その分だけ少ない数までにおさまる確率が六六パーセントあるという意味になるからだ。五〇枚一組の場合には、購入予想枚数の不確定な幅が六五枚となる。数年前、ある団体が、ロトくじで可能性があるすべてのナンバー——したがって当たりも入っている——を買う可能性を十分に高めるためには、平均して何枚のくじを買う必要があるかを計算して、適当な宝くじを狙っているという記事があった。この例では、求めた平均値からずれることがあるのを考えに入れていなかったので、購入した何百万枚というくじのなかに当たりがあったのは実に幸運だった。

それぞれのカードが出てくる確率が同じでないとしたら、問題はもっと難しくはなるが、それでも解くことはできる。そういう例は、発行年ごとの硬貨を集めるコイン収集の問題と似てくる。毎年同数の硬貨が鋳造されているかどうかもわからないし（同数ではないのはほぼ確実）、発行後に何枚回収されているかもわからないので、一八四〇年製のペニー硬貨や一八九〇年製の硬貨を集める可能性が同等だとは期待できない。でも、一九三三年製のペニー硬貨を見つけることがあったら（たった七枚しか作られず、六枚の行方はわかっている）、必ず私に知らせてほしい。

13 ひい、ふう、みい……

自分がしていることについて考える習慣を養うべきだというのは、当然のことと思われているが、根本からまちがっている。実際は、この正反対だ。自分がしていることについて何も考えずに実行できるような重要な動作の数を増やしていくことで、文明は進展するのだ。

アルフレッド・ノース・ホワイトヘッド〔イギリスの哲学者〕

釈放される見込みのない囚人が、暗くじめじめした、誰からも忘れられた独房に監禁されている。月日や年月がゆっくりと過ぎていく。この先、まだまだ何日も何日もやってくる。映画でもおなじみの場面だ。だが、その場面にはたいてい、興味深い数学的な含みがある。囚人は、独房の壁に印をつける手法を使い、日数を記録してきているのだ。数えることを記録した人工物といえば、ヨーロッパやアフリカで最古のものは、三万年以上も前のもので、月の中での日付や、それに対応する月の満ち欠けが、どれも似たような、精巧に刻まれた、数を数える印のまとまりで表されている。

ヨーロッパでの計数符（タリー）の標準的なパターンは、もともとは、指で数え、四本の垂直（に近い）線————を描き、斜線を引いて5を表すというものだった。さらに次の五本一組の線卌を加えていく。垂直の棒に斜線を加えていくつ数えたかを表す手法は、現在の正式な数の数え方ができる以前にとられていた方法であり、そこから、ローマ数字のⅠ、Ⅱ、Ⅲや、中国での棒で数を表す簡単な方法に発展していった。これらの方法は指で数える単純な方法によく似ていて、印のひとまとまりを表す基底として

5や10の集まりを使っている。古代の計数方式では、骨に印を刻んだり、木に刻み目が彫られたりした。一本の刻み目は最初のいくつかを示すが、十字形の半分の刻み目Vが5の印として、完全な十字形Xが10の印として使われるようになって、そこからローマ数字のVとXができた。4は、刻み目を足してⅢとするか、引いてⅣとするかになった。この計数記録は一八二六年にいたるまでイングランドでは、あだやおろそかでない正規の作業として行われ、大蔵省では刻み目をつけた大きな符木（タリースティック）を用いて国庫を出入りする大きな金額を記録していた。こういう符木の使い方があって、「スコア」という単語が、印をつけることや数を数えること、さらには二〇という量など、多数の意味をもつようになった。タリー（tally）という単語は、「切る」を意味する単語に由来する。今でも「tailor」（仕立屋）という単語にその意味が含まれている。大蔵省に債務を負うと、刻み目をつけた符木が中央で割かれ、債務者が半分を、大蔵省が残りの半分をもつ。負債の決済が終わると、二本の符木が合わせられ、「符合（タリー）」するかどうかが確認される。

こうした数の印を数えるのはかなり手間がかかる。合計が大きな数になるときにはなおさらだ。印ひとつひとつを頭のなかで数えて、ひとまとまりが何個あるかを合計しないといけない。南米では、おぼえやすい方法が使われているのを見かけることがある。正方形の形に沿って線を書きながら数を数え、最後に二本の対角線を加えて☒とするものだ。

イギリスでは、この正方形の形を使って数を数える方法を少しだけ変えたものが身近にある。クリケットの試合のスコアをつけるときには、二つの印を三列に並べ六種類の印にする。得点（ラン）がひとつも記録されない場合には「ドット」を、得点が入った場合はその数を、ウィケットが落ちた場合（投球が打たれずに的に当たった場合で、打者はアウトになる」は「w」を書く。このほかに、ワイド、バイ、ノーボール、レッグバイ〔いずれも例外的な場合の処理〕を示す印がある。六回の投球のうちランが一つもとれない場合、六つのドットが合わさってMの辺が作られ、無得点（メイデン）のオーバーを指す。ランが一つも記録されずウィケットが取られた場合、ドットが合わさってWの形になり、「ウィケット・メイデン」オーバーを指す。このように、スコアブックを見ると、ランのないオーバーのパターンや数がわかる。

南米での数の表し方のアイデアと、クリケットのスコアのつけ方のアイデアを組み合わせて、理想的な記憶しやすい方法を編み出したい。十を単位にして数えるが、十本の縦線の印を数える必要はなく、現時点での合計がいくつかが「ぱっと見てわかる」のがいいという人向きのものだ。まず、正方形の四隅に点を置いて一から四まで数える。次に四本の辺を加えながら五から八まで数える。それから、二つの対角線を加えながら九と十を数える。十のまとまりが、四つの点と六つの辺でできた正方形で表される。次の十を数えるには、新たな正方形を描く。十まで行ったかどうかが、これなら一目でぱっとわかる。

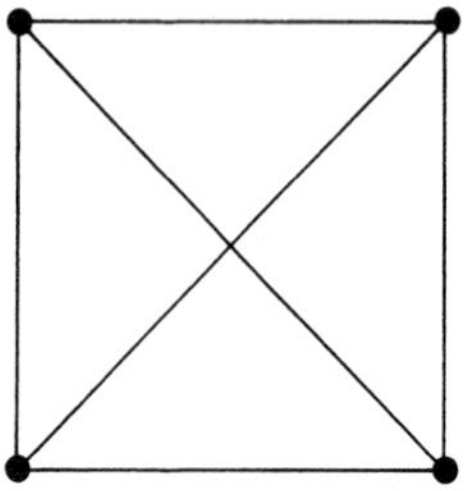

14 関係

関係（リレーションシップ）——教養があり話上手な人が人前でこの単語を使うときは、親戚（リレーション）を乗せた船（シップ）のことを言っているにすぎない。

クリーブランド・エーモリー〔アメリカの作家〕

たいていの雑誌には、関係についての記事や投書が途切れることなく載っている。なぜだろう。それは、関係とは複雑で、ときに興味をかき立てられ、しばしば予測不能に見えたりするからだ。こうした状況でこそ、数学が力を貸せる。

ものとものの間の関係でいちばん単純なものとして、「推移性」とよばれる性質があり、そのおかげで人生がわかりやすくなる。「〜よりも背が高い」とは、この推移的な関係の一例だ。だから、アリがボブより背が高くて、ボブがカーラより背が高ければ、アリは必ずカーラより背が高い。この関係は、高さという性質に関するものだ。しかし、すべての関係がこのようになるとはかぎらない。アリがボブを好きでボブはカーラを好きかもしれないが、だからといって、アリがカーラを好きだということにはならない。みんなの意見がばらばらのときにどうすべきかを決めるとなると、こうした「非推移的」な関係から、とても変わった状況が生じることがある。

アリとボブとカーラがお金を出し合って中古車を買うことになり、店に出かけて三つの候補に目をつけたとしよう。アウディとBMWとリライアント・ロビンだ。どれを買うか意見が一致しないので、結論を民主主義的に決めるべきだとなった。それには投票しかない。そこで、三つの車種について、それぞれが、好きな順番を書いた。

	第一希望	**第二希望**	**第三希望**
アリ	アウディ	BMW	リライアント・ロビン
ボブ	BMW	リライアント・ロビン	アウディ
カーラ	リライアント・ロビン	アウディ	BMW

投票は、最初のうちはうまく行きそうに見える。アウディとBMWでは二対一でアウディが勝ち、BMWとリライアント・ロビンでは二対一でBMWのほうが勝っている。ところが奇妙なことに、リライアント・ロビンとアウディでは、二対一でリライアント・ロビンのほうが勝っている。どちらをとるかというのは、「好き嫌い」のように非推移的な関係で、注意深く扱わないと、やっかいな逆説を引き起こすことがある。会社のこのポストには候補者のうちの誰が好ましいかとか、チームのキャプテンを誰にするかとか、はてはどの車を買うかとか、ちょっとした選択をしようとすると、逆説がついて回る。選ぶ側は用心しなければならない。

三者択一を迫られたアリとボブとカーラは、車を買うのはあきらめて、その資金を充てて、一緒に家を借りることにした。なんと、もっとたくさんのことをすぐに決めなくてはならなくなった。居間を模様替えすべきだろうか。庭の手入れをすべきだろうか。新しいテレビを買うべきだろうか。まったく意見が一致しないので、今度はこの三点それぞれについて「イエス」か「ノー」か投票することにした。結果はこうだ。

	模様替え	庭の手入れ	テレビの購入
アリ	イエス	イエス	ノー
ボブ	ノー	イエス	イエス
カーラ	イエス	ノー	イエス
過半数の決定	イエス	イエス	イエス

すべてはっきりしているようだ。三つの項目すべてに二対一の過半数の答えが出た。三つとも実行すべきだ。ところがここで、お金がどうやら足りなくなり、家賃を払うには、仲間をあと二人増やす必要があるとわかった。数人に電話をかけると新たなハウスメイトのデルとトレーシーがすぐに見つかり、二人は荷物をもってすぐに引っ越してきた。三人は当然、模様替えと庭づくりとテレビの購入についての投票に二人を加えるのがフェアだと考えた。二人とも三つの提案それぞれに「ノー」を表明したが、アリとボブとカーラはもともとの決定にあくまでこだわった。この家には非常に奇妙な状況が生まれている。

デルとトレーシーの「ノー」が加わったあとの投票結果の一覧はこうだ。

	模様替え	庭の手入れ	テレビの購入
アリ	イエス	イエス	ノー
ボブ	ノー	イエス	イエス
カーラ	イエス	ノー	イエス
もとの過半数の決定	イエス	イエス	イエス
デル	ノー	ノー	ノー
トレーシー	ノー	ノー	ノー
全体の決定	ノー	ノー	ノー

二人のノーという投票で、それぞれの項目の形勢が逆転したことがわかる。今や三対二の過半数で、模様替えをせず、庭をいじらず、テレビを買わないことになった。だが、もっと注目すべきなのは、過半数の人（アリとボブとカーラ）が三つのうちの二つの投票で負けているという事実だ。「ノー」と投票しなかった問題で負けている。すなわちアリは模様替えと庭については負けで、ボブは庭とテレビについては負け、カーラは模様替えとテレビについては負けとなる。そういうわけで、なんと過半数の人（五人のうちの三人）が過半数の問題（三つのうちの二つ）で負けているのだ。

15　確実な競馬

「いかなる合法的な賭け事にも犯罪者が入り込まないように絶えず警戒すべきである。この場合の犯罪者には、洗練され、知能が高く、高度に組織化され、十分な情報に通じ、才気あふれるやり手であるとともに、巨額の資金を用いて、法律、経理、管理、ケータリング、ショービジネスの世界での最高の頭脳を雇える人物が含まれる」。最後の二つの分野については、私はよく知らないが、それでも、このことは昔と同じく今でも真実だ。

フォークランド子爵、引用しているのは『ギャンブルに関するロスチャイルド委員会報告書』（一九七九年）

しばらく前テレビで、競馬の本命馬に薬を服ませてブックメーカー相手に詐欺をするという話のドラマを観た。ドラマそのものは、殺人とかの事件のほうが中心で、不正な賭けのしくみについてはまったく説明がなかった。どういうことが考えられるだろう。

レースの出走馬の数を任意の数Nとして、a_1対1、a_2対1、a_3対1……のオッズが発表されたレースがあるとする。オッズが5対4なら、1との比に置き換えた$\frac{5}{4}$をa_1と表す。N頭の出走馬すべてにオッズに比例する額を賭け、a_1対1のオッズのついた出走馬に、資金のうち$1/(a_i+1)$を賭ければ、オッズの総計（これをQと呼ぶ）が次の不等式を満たすかぎり、つねに利益が出ることになる。

$$Q = 1/(a_1+1) + 1/(a_2+1) + 1/(a_3+1) + \cdots + 1/(a_N+1) < 1$$

さらにQが実際に1より小さい場合は、儲けは少なくとも次に等しくなる。

儲け = (1/Q−1) ×賭け金総額

いくつか例を見てみよう。出走馬が四頭で、それぞれのオッズが6対1、7対2、2対1、8対1とする。すると$a_1 = 6$、$a_2 = \frac{7}{2}$、$a_3 = 2$、$a_4 = 8$となり、

$$Q = 1/7 + 2/9 + 1/3 + 1/9 = 51/63 < 1$$

となる。さらに出走馬1、2、3、4に、1/7 : 2/9 : 1/3 :1/9 の比率に賭け金を割り振って賭けると、賭けた金額の少なくとも$\frac{12}{51}$倍が儲けになる（もちろん、賭け金も戻ってくる）。

しかし、次のレースでは四頭の出走馬のオッズが3対1、7対1、3対2、1対1（すなわち「五分五分」）だとする。すると、次のようになる。

$$Q = 1/4 + 1/8 + 2/5 + 1/2 = 51/40 > 1$$

これでは、確実にプラスの利益が返ってくるという目がなくなる。一般的に、全出走馬の数が多くなる

と（数Nが大きくなると）、Qが1より大きくなる確率が高くなる。ただ、Nが大きくても、必ず$Q>1$になるとはかぎらない。オッズとして、式$a_i = i(i+2)$対1で表される数を使うと、Nが無限大でも$Q = \frac{3}{4}$となり、三〇パーセントという堅実な利益が得られる。

ともあれ例のテレビドラマに話を戻そう。$Q>1$の場合でも、本命馬が興奮剤を服まされていて優勝争いに加わらないことがレースの前にわかっているとしたら、状況はどう変わるだろう。

興奮剤を服まされたという内部情報を利用すれば、本命馬（1対1のオッズの馬）を度外視して、これには一切賭けない。すると実際には三頭のレースに賭けていることになり、この場合、次のようになる。

$$Q = 1/4 + 1/8 + 2/5 = 31/40 < 1$$

出走馬1、2、3に、賭け金を1/4 : 1/8 : 2/5の比率で割り振って賭けると、元の賭け金に加えて、賭け金総額の$(40/31) - 1 = 9/31$が最低の利益として確実に入る。だから得をするというわけだ。*

* たとえ$Q>1$の場合でも、全出走馬に予定通りの賭けをして犯罪者がマネーロンダリングをするという話を聞いたことがある。損失はあるが、たいていは結果が予測できるし、その損失はマネーロンダリングの取引における「手数料」のようなものだからだ。

16　走り高跳び

仕事には二種類ある。ひとつは、地表もしくはその近辺で、物の位置を、他の物に対して変える仕事であり、もうひとつは人に命じてそれをやらせる仕事である。最初のほうは不快で給料も低い。後のほうは快適で給料も高い。

バートランド・ラッセル〔イギリスの哲学者〕

何かのスポーツでうまくなろうと練習を積んでいるところなら、最適化という作業をしていることになる。つまり、上達につながるものなら何でも強化し、技能の妨げになるような欠点は最小にすべく、できるかぎりのことを（合法の範囲で）しているのだ。最適化は、スポーツ科学のなかでも、数学を少々応用して得られるような洞察が土台となる分野に数えられる。地上からできるかぎり高く身体を放り上げようとする競技種目が二つある。走り高跳びと棒高跳びだ。この種の競技は、想像するほど単純なものではない。選手はまず、身体能力とエネルギーを使って、重力に逆らう形で、体重を空中に放り上げなければならない。走り高跳びの選手を、質量Mの投擲物が速さUで上方に垂直に発射されたものととらえると、到達できる高さHは、gを重力による加速度として、$U^2 = 2gH$の式で求められる。踏み切り時の選手の運動エネルギーは$1/2MU^2$で、これは、最大の高さHにおいて選手が獲得する位置エネルギーMgHに変換される。この二つを等号で結ぶと$U^2 = 2gH$が得られる。

要注意点がHの値だ。これはいったい何なのだろうか。選手が飛び越す高さではない。実は選手の重心が上昇する高さなのだ。これが絶妙なことになるのは、選手の重心がバーの下を通っても身体はバーの上を通過することが可能だからだ。

物体がL字のように曲がった形をしていると、その重心が物体そのものの外側にできることがある。*そういうことがありうるので、走り高跳びの選手は、跳躍時の重心の位置とそれがたどる軌道をコントロールする。選手が目指すのは、重心ができるかぎりバーの下方を通過する一方で、身体をバーの上をきれいに通過させることだ。こういうふうにして、踏み切りの爆発的なエネルギーを最適に利用して、飛び越す高さを高くする。

学校で最初に習う、「はさみ跳び」という単純な高跳びの方法は、最適からはほど遠い。バーを飛び越すには、身体だけでなく重心もバーを超えなければならない。実際のところ、重心はたいてい、バーの高さの約三〇センチも上方を通過する。これは、バーを飛び越えるには、かなり非効率的な方法だ。

一流選手が使う走り高跳びの手法は、もっと手が込んでいる。昔からある「ベリーロール」の手法では、選手は胸をつねにバーのほうに向けたまま、バーのまわりを回転する。一九六八年までは世界レベルの選手がこのスタイルを好んで使っていたが、この年、アメリカ人選手のディック・フォスベリーが、まったく新しい手法を取り入れて世界中をあっと言わせた。これが背面跳び（フォスベリー・フロップ）で、仰向けに跳んでぱったりと着地する。フォスベリーはこのスタイルを使い、一九六八年のメキシコシティ・オリンピックで金メダルをとった。膨張式の着地マットが使われるようになって、ようやく背面跳びの安全が確保された。背面跳びは、はさみ跳びよりもずっと習得しやすく、優れた選手は今ではみな背面跳びをしている。背面跳びだと、重心がバーのずっと下の方を通っても、身体はバーの上をぐるりと回っていく。身体が柔軟なほど、全身をバーのまわりで丸く曲げ、重心をずっと低くすることができる。二〇〇四年のオリンピックで男子走り高跳びのチャンピオンとなったスウェーデンのシュテファン・ホルムは、走り高跳び選手の標準よりもかなり背が低いが（一八一センチ）、身体を見事なまでに丸く曲げることができる。その身体は、最高地点で、まさにUの字形になっている。ホルムは二メートル三七センチのバーを飛び越えられるが、重心はバーのかなり下を通る。

走り高跳びの選手が助走して上方に跳び上がるときには、水平方向の最速の疾走速度のほんのわずかな部分しか、上方へ跳び上がる速さへと変換されない。助走区間は短く、背中をバーのほうに向けて踏み切るには身体の向きを変えないといけない。棒高跳びの踏み切りのほうが、ずっとうまくやれる。長い助走路をまっすぐに走れるので、長い棒を手にもっていても、世界トップレベルの選手の飛び上がる間際の速度は秒速一〇メートル近くになる。しなやかなファイバーグラス製の棒を使って、水平方向の運動エネルギー $1/2MU^2$ を、走り高跳びの選手よりもっと効率的に垂直方向の運動のエネルギーに変えることができる。選手は垂直方向に跳ね上がり、すばらしい身のこなしでバーの上でUの字の逆の形に身体を丸く曲げながら、重心ができるかぎりバーの下方を通るようにする。どれくらいの記録が予想できるか、ざっと見積もってみよう。まずは水平方向に走る運動エネルギー $1/2MU^2$ のすべてを、棒をしならせることで弾性エネルギーに変換し、その後、垂直の位置エネルギー MgH に変換するとする。選手は、自身の質量中心を、$H = U^2/2g$ の高さまで持ち上げることになる。

オリンピックのチャンピオンが秒速九メートルの速さで跳び上がれるなら、重力による加速度が $g = 10(ms^{-2})$ なので、重心を $H = 4$ メートルまで持ち上げられると予測できる。立った姿勢では重心が地上約一・五メートルとし、バーの下方〇・五メートルを重心が通過するようにすれば、1.5＋4＋0.5で、およそ六メートルの高さのバーを飛び越えると予測できる。実際、アメリカのチャンピオン、ティム・マックは、五・九五メートルを跳んでアテネ・オリンピックの金メダルを手にした。六メートルでは、三回、惜しい失敗をした。そのマックが金メダリストだとなれば、このとても簡単な予測でも、案外正確だったわけだ。

＊ 物体の重心を見つける方法として、こんなものがある。任意の一点で物体を吊し、吊した位置から重りをつけたひもを垂らし、ひもが垂れ下がる線に印をつける。それから、別の点でこの物体を吊し、同じ手順を繰り返し、やはりひもが垂れ下がる線に印をつける。重心は、ひもを表す二本の線が交わるところにある。物体が正方形なら、重心は幾何学的な中心にくるが、L字形やU字形なら、重心はふつう、本体の輪郭の内側にはこない。

17　うわっつら

周辺とは、未来が姿を現す場所である。

J・G・バラード〔イギリスの作家〕

境界線は重要だ。それによって、狼を閉め出し、羊を中で守れるからという理由だけではない。境界によって、あるものと別のものとの間にどの程度の相互作用が起こりうるかが決まったり、内部にあるものがどの程度外部の世界にさらされるかが決まったりするからだ。

長さがpのひもを輪にしたものをテーブルの上に平らに置こう。このひもで囲まれる面積はどれくらいになるだろう。輪の形を変えてどんどん細長くしていくと、囲まれる面積はどんどん小さくなることがわかる。面積が最大になるのは、ひもが円になるときだ。この場合、$p=2\pi r$が周囲の長さであり、$A=\pi r^2$が面積となる。rはひもでできた円の半径だ。したがって、rを消すと、周囲の長さがpで面積Aを囲む*どのような*閉じた輪についても、$p^2 \geqq 4\pi A$になると予測される。両辺が等しくなるのは、円の場合だけだ。反対に考えれば、囲まれた一定の面積について、周囲の長さをどれだけでも長くすることができることになる。そうするには、ひもをどんどんと波状にすればよい。

面積を囲む線から体積を囲む面へと話を移しても、同じような問題に出会う。ある表面積の内部に含まれる体積を最大にする形は何か。今度も囲まれた体積が最大になるのは、球の場合になる。球の表面積$A=4\pi r^2$の内部に体積$V=4\pi r^3$が含まれる。よって、いかなる閉じた表面積Aについても、それに囲まれた体積は$A^3 \geqq 36\pi V^2$に従うことになり、等号で結ばれるのは球体の場合にかぎられると予測される。先ほどと同じように、表面にどんどんぎざぎざをつけて波状にすれば、一定の体積を囲む面積をどんどん大きくすることができる。これは、生物体が適応して利用するようになっている、必勝戦略だ。

広い表面積が重要になる状況はたくさんある。体温を低くしておきたいなら、表面積が大きいほどよい。反対に温かくしておきたいなら、表面積を小さくするのがいちばんだ。だから、鳥の雛や生まれたての動物は、外にさらされる表面を最小にするためにボールのように丸く集まるのだ。同じように、牛や魚の群れは、捕食者に襲われる機会を最小にしようとして、円形や球形の形に集まって、捕食者から攻撃される表面積を最小にする。空気中から水分と養分を取り入れる木なら、空気に触れる表面積を最大にするようにする。それには、縁がぎざぎざの葉がたくさん茂った枝を持つのが良い。肺からできるだけたくさんの酸素を吸収しようとしている動物なら、肺の体積のなかに収まる管の量を最大にして、酸素分子と接する面を最大にすると、吸収する効率も最高になる。シャワーを浴びたあとに身体を乾かしたいだけという場合でも、表面積の広いタオルを使うのがいちばんだ。だからタオルの表面には、でこぼこのけば（パイル）がつくことになる。タオルが滑らかだったとした場合より、体積単位あたりの表面が広くなるからだ。体積を囲む表面を最大にしようとする努力は、自然界のいたるところに見られる。生命が直面する問題を進化によって解決しようとすると、かくも頻繁に「フラクタル」が出現する理由はここにある。フラクタルは、表面を自身の体積に見合う分よりも必ず広くするための方法としては、いちばん単純なものだ。

一つの集団のままでいるか、二つ以上の小さな集団に分かれるか、どちらが都合がよいだろうか。第二次世界大戦中、敵の潜水艦の目を逃れようとしていた輸送船団は、この問題に直面した。

大きな船団のままでいるほうが、船団を分割するよりも望ましい。大きな船団が面積Aを占めていて、船と船との間隔はできるかぎり近くして、船団を面積が$A/2$の二つの小さな船団に分割しても船と船の間隔は同じだとしよう。船団が一つなら、周囲の長さをpとして、$p = 2\pi\sqrt{(A/\pi)}$になるが、小さな船団が二つだと周囲の長さの合計は$p \times \sqrt{2}$になり、こちらの値のほうが大きくなる。よって、二つの小さな船団を潜水艦の攻撃から保護するために駆逐艦がパトロールすべき周囲の距離の合計は、船団が一つのままでいる場合にパトロールすべき距離よりも長くなる。また、潜水艦が攻撃対象となる船団を探す場合、それを見つける確率は、船団の直径に比例する。潜望鏡で見ているのは視界での直径だからだ。面積がAの円形をの船団一つの直径はちょうど$2\sqrt{(A/\pi)}$になるが、面積が$A/2$で、視野のなかで重ならない艦隊の直径を二つ合わせると、$\sqrt{2}$〔およそ1.414〕倍になり、分割した船団は、船団一つの場合よりも、攻撃してくる潜水艦に発見される確率が四一パーセントほど高くなる。

18 未来の消費税

この世には、死と税金以外に確かなものはない。
ベンジャミン・フランクリン〔アメリカ建国期の政治家〕

イギリスに住んでいる人なら、いろんな買い物に付加される売上税が「付加価値税(ヴァリュー・アディド・タックス)」、すなわちVATと呼ばれるのをご存じだろう。ヨーロッパ大陸の国々では、IVAと呼ばれることが多い。イギリスでは、一定範囲の商品やサービスの価格にその一七・五パーセントが追加して課せられ、政府の最大の税収源となっている。一七・五パーセントというVATの税率が暗算で簡単に計算できるように考案されたものだとすると、次回のVATの税率の引き上げ分はどれだけになると予想されるだろう。それに、無限に遠い未来には、VATの税率はどれだけになるだろう。

VATの現在の税率は、不可解な数値に見える。なぜ一七・五パーセントなのだろう。でも、ちょっとした事業を営んでいて、四半期ごとにVATの計算をしないといけないなら、このおかしな数がうまくできていることにすぐに気づくはずだ。17.5% = 10% + 5% + 2.5%なので、暗算がとても簡単にできてしまうのだ。一〇パーセントはすぐにわかるし(小数点を左に一つずらすだけ)、次に一〇パーセントを半分にして、その次に残った五パーセントを半分にして、この三つの数を足せばよい。つまり、たとえば八〇ポンドの買い物なら、VATは£8 + £4 + £2 = £14になる。

暗算に都合のいい「半分」にするしくみがこのまま維持されるなら、次回のＶＡＴの引き上げ分は、二・五パーセントの半分の一・二五パーセントになるだろう。そうすると、新たな税率は一八・七五パーセントになり、八〇ポンドにかかる新しいＶＡＴは、£8＋£4＋£2＋£1＝£15になるだろう。

その場合の税率は、10％＋5％＋2.5％＋1.25％のようになる。数学者の目には、和のなかの次の項がつねに直前の項の半分になる、終わりのない級数の始まりのように映る。現在のＶＡＴの税率はこうだ。

$$10\% \times (1 + 1/2 + 1/4)$$

この級数が永遠に続くとしたら、無限に遠い未来におけるＶＡＴの税率は次のようになると予測できる。

$$10\% \times (1 + 1/2 + 1/4 + 1/8 + 1/16 + 1/32 + \cdots) = 10\% \times 2$$

この式では、後の92章で示すように、最初の項を除く級数の和は1になる。したがって、かっこ内の無限級数の和は2になる。かくて、無限の時が経過したのちのＶＡＴの税率は、二〇パーセントになると予想されるのだ。

19 シミュレーションを生きる

本当にあるものなど何もない

ビートルズ「ストロベリー・フィールズ・フォーエバー」

宇宙論には、知らぬまにSFになってしまう危険性があるのだろうか。ビッグバンのこだまとされる宇宙マイクロ波背景放射が新たに人工衛星によって観測され、宇宙が生まれた経緯について、大半の物理学者が好む理論を裏づけている。このことは、全面的に良い知らせだとは言えないかもしれない。

この人気の高いモデルには、宇宙が複雑性と生命を維持することを許すような、一見すると「偶然の一致」と見えるものが数多く含まれる。ありうるすべての個別宇宙(ユニバース)からなる「多宇宙(マルチバース)」について考えるとしたら、私たちの宇宙はいろんな面で特殊だということになる。あらゆる可能性をもつマルチバースを構成するありうるすべての宇宙が実際にどうして存在できるのか、現代の量子物理学はその説明を与えてくれてさえいる。

ありうるすべての宇宙が存在しうる（あるいは実際に存在する）という発言を真に受けるとなると、かなり奇妙な話に行き着く。無数にある宇宙のなかには、人類よりもはるかに進んだ、宇宙をシミュレートする能力をもった文明ができるだろう。そうした文明では、私たちと同様の気候や銀河の形成などのシミュレーションだけでなく、さらに先へ進んで、たとえば恒星や惑星系の形成についての研究をしているだろう。そうなると、天文学的なシミュレーションに生化学のルールを適用し、コンピュータを使ったシミュレーションで、生命や意識が進化するようすを観察できるだろう（すべてが、自分たちにとって都合のよい時間の尺度で進むように加速されて）。私たちがショウジョウバエのライフサイクルを観察するのと同じように、あちらでは、生命の進化を追いかけ、文明が興り他の文明と交信するようすを観察し、さらにはその文明がみずから宇宙を創造し、偉大なるプログラマーが天空に存在するかどうか、そのプログラマーが、地上ではつねに従っている自然法則に逆らって思いのままに干渉できるのかどうか、議論するようすを観察できるだろう。

そうしてできた宇宙のなかに、また自意識をもった存在が出現し、互いに交信することもあるだろう。ひとたびそうした能力が獲得されると、模造された宇宙が増殖し、すぐにその数が本当にある宇宙の数より多くなる。シミュレートする側が、これらの人工世界を支配する法則を決定する。好みの形態をした生命が進化しやすくなるように巧みな微調整を行うこともできる。そうなると結局、現実の宇宙よりもシミュレートされた宇宙のほうがはるかにたくさんあることから、統計的には、私たちが、本当にある現実よりもシミュレートされた現実にいる可能性が高いと想定されることになる。

物理学者のポール・デイヴィスは最近、私たちがシミュレートされた現実で生きている確率が高いという考え方は、あらゆる可能性を備えたマルチバースを考えると、背理法で否定されるのではないかと唱えた。でも、この想定を前にして、真実を探し出す方法がどこかにあるのだろうか。丁寧に探せば、たぶんある。

まずは、シミュレートする側は、「本物らしい」効果をとりつくろえるのなら、自分たちの世界にある一貫した自然法則を作りものの世界に適用するようなややこしいことは避けたくなるだろう。ディズニー映画で湖面に光が反射するようすを描いたシーンを作る場合でも、量子電磁力学や光学の法則を用いて光の散乱を計算したりはしない。そんなことをしようとすると、とてつもない量の計算能力と細かな作業が必要になる。光の散乱をシミュレートする代わりに、現実のルールよりもっと簡単でも、非常に念入りに調べないかぎり、見た目が本当らしい、おおざっぱな規則が使われる。娯楽のためだけなら、シミュレートされた現実がその程度で十分だとする経済的かつ実際的な要請があるだろう。しかし、シミュレーションのプログラミングの複雑度にそんな制限を設ければ、きっと、明らかな問題が生じることがあるだろう。ひょっとすると、そうした問題は、内部からも目につくかもしれない。

たとえシミュレートする側が徹底して自然法則をシミュレートしたとしても、できることには限界がある。シミュレートする側が、あるいはその最初のほうの世代だけでも、自然法則についてとても高度な知識をもっているとしても、その知識がまだ不完全だという可能性は高い（つねにそうならざるをえないと論じる科学哲学もいくつかある）。宇宙をシミュレートするために必要な物理学やプログラミングについての知識はたくさんあるかもしれないが、それでも不足はあるだろうし、もっと悪いことには、自然法則の知識のなかには間違いもあるだろう。もちろん、そんな間違いは微妙なもので、はっきりと目に見えはしないだろう。そうでなければ、私たちの「高度な」文明は高度とは言えなくなる。そんな欠陥があっても、シミュレーションが作られて長期間にわたって円滑に運用される妨げにはならないが、そのうちにだんだんと、わずかな欠点が蓄積しはじめる。

ついには、その影響が雪だるま式に膨れあがり、シミュレートされた現実の計算が止まってしまう。

そこから逃れる方法はひとつしかない。シミュレーションを作った者が介入し、問題が生じるごとにひとつずつ修復するのだ。この解決策は、パソコンをもっている人にはおなじみのものだろう。ウィルスの新たな攻撃からパソコンを保護するためや、パソコンを最初に作った人が予測していなかった欠陥を修復するために、定期的にアップデート・プログラムを受け取っているのだから。シミュレーションを作った側は、この種の間に合わせの保護策を提供し、シミュレーションが開始されてから追加で学習したことがらを盛り込むために、実際に使える自然法則をアップデートする。

この種の状況では、必然的に論理的な矛盾が生じ、シミュレーション内部の法則が崩れるように見えることもあるだろう。シミュレーションのなかの住人は——特にシミュレートされた科学者は——観測結果を見てときに困惑する。たとえばシミュレートされた天文学者は、自分がいる世界でのいわゆる自然定数が非常にゆっくりと変化していることを示すものを観察する。

さらには、シミュレートされた現実を支配する法則のなかに、とつぜん不具合が生じることもあるかもしれない。そうなるわけは、シミュレートする側が、あらゆる複雑なシステムのシミュレーションで効果があるとわかっているあるテクニックを使っている可能性が非常に高いからだ。すなわち、エラーを訂正するコードを用いて、ものごとを再び軌道に乗せることだ。

人間の遺伝コードを例にとろう。遺伝コードをそのままにしておくと、人間はそう長くはもたない。エラーが蓄積して、その結果、あっという間に死んだり突然変異を起こしたりする。遺伝コードにある誤りを特定して修正するエラー訂正機能が存在するおかげで、人間はそうしたことから守られている。複雑なコンピュータシステムの大半にも、同じ類の内部免疫システムがあり、エラーの蓄積を防ぐようになっている。

シミュレートする側が、シミュレーション全体が誤りを免れないという状況に備え、エラー訂正のコンピュータコードを使うとすると（もっと小規模な話だが人間の遺伝コードのなかでそうしたコードがシミュレートされているのと同じように）、シミュレーションの状態やそれを支配する法則について、しょっちゅう訂正が施されることになる。シミュレートされた科学者たちがつねに観察や予測をしている自然法則そのものに反するような、謎めいた変化が起こるだろう。

したがって、もしも私たちがシミュレートされた現実に生きているなら、繰り返すことのできない不具合や実験結果にときおり遭遇したり、自然定数や自然法則とされるもののなかに、説明不可能な、とてもゆっくりとしたずれが生じたりすることすらあると考えるべきだろう。

20 創発

政治家には、翌日、翌週、翌月、翌年に起こることを予言する能力が必要だ。それに、予言したことが起こらなかった理由を後で説明する能力も。

ウィンストン・チャーチル〔イギリスの政治家〕

複合的なものを研究する科学分野で流行っている言葉に「創発（エマージェンス）」がある。状況を少しずつ積み上げて複合的にしていくと、そうした複合体を構成する部品には存在していなかった新しい構造や新しい種類のふるまいが出現したことを告げる、複合度の境目に達することがあるらしい。ワールドワイドウェブや株式市場や人間の意識は、この種の現象だと思われる。どれも、部分を合わせたもの以上の集合的なふるまいを見せる。基本的な構成要素に還元すると、複合的なふるまいの本質的な部分が消えてなくなる。こんな現象は、物理学でもよく見られる。液体の集合的な特性、たとえば流れに対する抵抗を表す粘性のような特性は、多数の分子が結合したときに出現する。粘性は実際に存在するが、コップに入った紅茶のなかの水素分子や酸素分子にある原子のひとつひとつには、粘性はまったく見られない。

創発自体が、複雑でときには論争を呼ぶテーマだ。哲学者や科学者は、さまざまな種類の創発を定義して区別しようとしているが、創発というものが本当に存在するかどうかに疑いをさしはさむ人は、少数でもいる。問題のひとつに、意識や「生命」といった非常に興味深い科学的な事例が十分に理解され

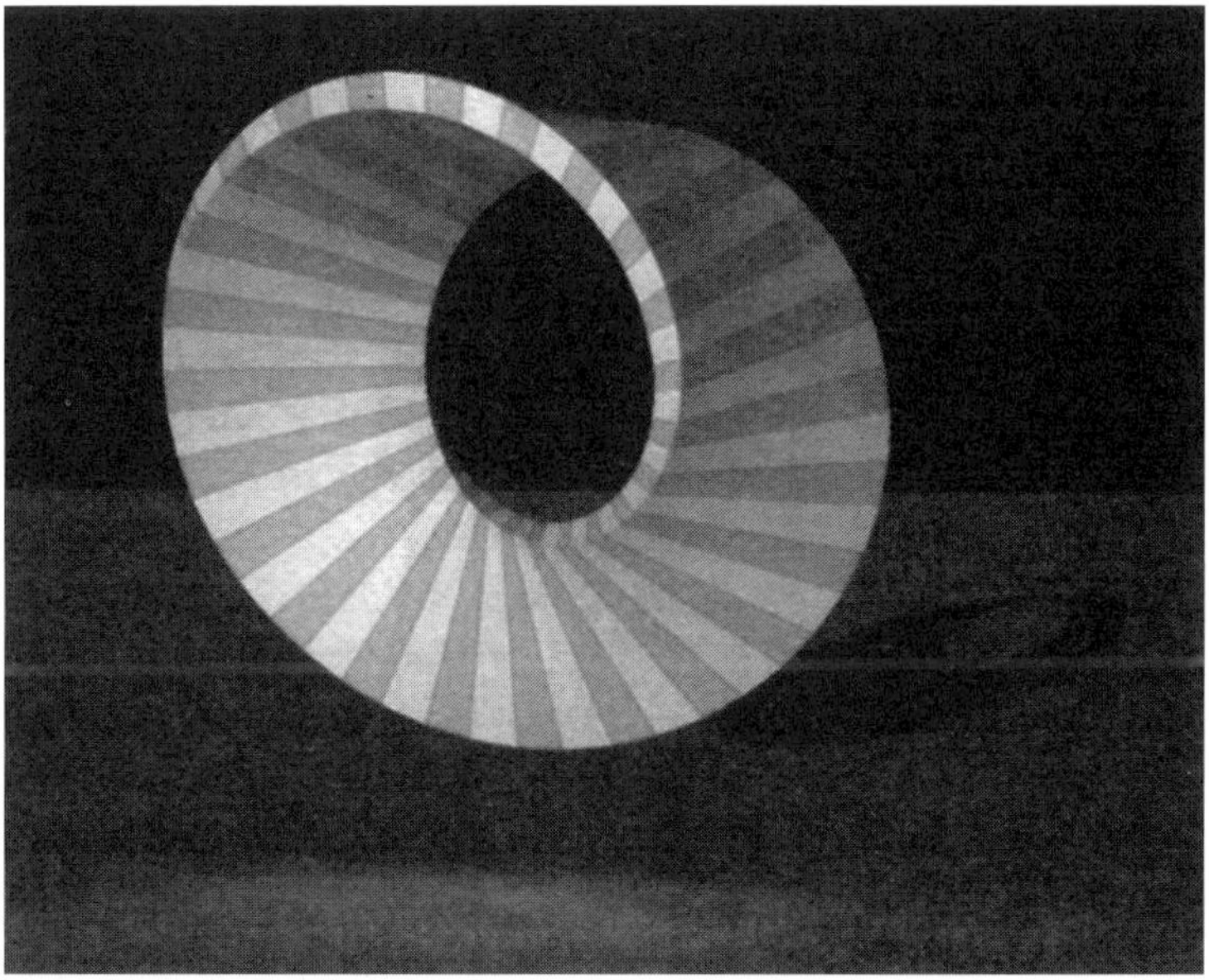

メビウスの帯

ていないため、見本として用いられる事例に、不都合にも、不確実な要素がつきまとう点がある。そこで数学の出番だ。数学を使えば、きちんと定義されていて、種々の新たな例を作り出す方法がわかるような、興味深い創発的な構造がたくさん生まれるのだ。

［1、2、3、6、7、9］のような正の数の有限の集合を例にとろう。有限であるかぎり、集合がどれほど大きくても、数の集合が無限になったときに「創発」するような特性をもつことはない。ゲオルク・カントールが一九世紀に初めて明らかにしたように、数の無限の集合には、その集合の有限の部分集合は、それがどんなに大きくてももっていないような性質がある。無限とは、単に大きな数ではない。無限に1を加えても、やはり無限だ。無限から無限

を引いても、やっぱり無限だ。全体はその部分よりも大きいだけではなく、部分のどれとも質的に異なる「創発的」な特徴を持っている。

対象の全体的な構造が局所的な構造とは大きく違うことがある位相幾何学にも、多くの例がある。いちばん知られているのがメビウスの帯だ。細長い長方形の紙の帯を手に取り、これを一回ひねってから両端をくっつけるとできる。小さな長方形の紙を貼り合わせて、この帯を作ることもできる。できあがったメビウスの帯は、ある種の創発的な構造のように見える。この帯を作るために貼り合わせたすべての長方形には面が二つある。ところがひねってから両端を貼り付けると、できあがったメビウスの帯には面が一つしかない。ここでも、全体には、部分にはない特性があるのだ。

21 車の押し方

無謀な車が往来する今日、歩行者には二種類しかない。敏捷な人と死者だ。
デュアー卿〔スコットランドの化学者、物理学者〕

「ラーダ〔旧ソ連製の乗用車〕は後ろの窓にヒーターがついているが、それはなぜ?」という問いで始まる古いジョークがある。その答えは、「車を押している間、手が冷たくならないようにするため」。とはいえ、車を押すといえば、興味深い問題がある。車を押してガレージに入れ、後ろの壁にぶつかる前に停止させないといけないとしよう。できるだけすばやくガレージに入れて停止させるには、どうやって車を押したり引いたりするのがいいだろう。

動かす距離の半分は力一杯押して車を加速させ、残りの半分は力一杯引っ張って車を減速させればよい。車は停止した状態に始まって、最後にもまた停止する。そうして、かかる時間は最短だ。(2)

この種の問題は、「制御理論」と呼ばれる数学の分野に属する例だ。代表的な問題に、力を加えて、ある種の運動を調節したり誘導したりするものがある。車を停止させる問題の解決策は、「バンバン」制御と言われるものの例となる。応答のしかたには、押すと引くの二つしかない。家庭用のサーモスタットは、だいたいそういうふうに作用する。温度が高くなりすぎると冷やすスイッチが入り、温度が低くなりすぎると暖めるスイッチが入る。温度は、長い時間の間に、設定した二つの限度の間でジグザグに上がったり下がったりする。これは必ずしも、状況を制御する最善の方法とは限らない。走行中の車をハンドルで制御する場合を考えてみよう。バンバン制御の手法でプログラムされたロボットの運転手が操る車が、左側のラインを割り込み、進路を右に修正すると、今度は右側のラインを超えてしまう。こういうふうに右へ左への動きを繰り返す。このバンバン制御の運転方法に従っていると、すぐに停車させられ、プラスチックの管に息を吹き込むよう促され、最後は留置所に入れられるだろう。それよりも、中間の位置から逸れた度合いに比例して修正を加える方が良い。ブランコはそういうふうになっている。垂直線からほんの少しだけ押し出された場合、もっと強く押されて垂直線から大きくずれた場合より、戻り方は遅い。

制御理論の応用例では、中距離走と長距離走についての研究も興味深い。おそらくこれは、人間の競走だけでなく、競馬にも使えるだろう。選手の筋肉が利用できる酸素の量が決まっていて、息を吸い込むことで補給できる量にも限度がある場合、ある距離を走り終えるのにかかる時間を最短にするためには、どのように走るのが最善だろうか。バンバン制御の類の制御理論にもとづけば、約三〇〇メートル以上の距離のレースでは（このあたりで有酸素運動が始まり、酸素負債〔運動をやめても酸素の消費量が下がらない状態〕が始まることがわかっている）、まずは短い区間で最大限加速して、その後は一定の速度で走り、最後には、最初に加速したのと同じ長さの短い区間で減速する。もちろん、タイムを計るために走るならこれが最善の方法かもしれないが、争う相手がいるレースで勝つには最善の方法とは限らない。ラストスパートに強いとか、激しいペース変動に対処できるような訓練をしているとかのことがあるなら、いろいろな戦術を用いて優位に立てるだろう。他の選手たちから大きく引き離されていても最適な方策を守り抜く選手は手強い相手となるだろう。最適な戦略で走る選手の後ろについて、風をよけて楽に走らせてもらい、最後の直線でスパートをかけて勝つというのが、代替策としてはとても良い。

22　正のフィードバック

プラスを強化しよう。マイナスはなくそう。積極的な人と交わろう。どっちつかずの人には関わらない。
「アクセンチュエイト・ザ・ポジティブ」
（詞ジョニー・マーサー、曲ハロルド・アーレン）

今年の初め、思わぬ雪が降ったとき、リヴァプールの新しいホテルに滞在していて、奇妙な体験をした。ホテルは、一九世紀にこの町が商業都市として栄えていた時代の屋敷を大幅に改造した、新しいタイプのブティック・ホテル〔独自のサービスを売り物にする、系列に属さないホテル〕だった。私は朝早くに、マンチェスターから大雪のなかを苦労してやってきていた。のろのろ進む列車は、次の区間の信号ケーブルが昨夜のうちに盗まれたというアナウンスが運転手からあった後、かなり長いあいだ停止した。これまた銅の価格が着実に上がっていることを示す新たな市場指標だな──私はそう思ってメモしておいた。最終的に列車は、携帯電話で連絡を取り合って、指示がなければ赤に設定された信号すべてをゆっくりと通過して、無事、ライム・ストリート駅にゆるゆると到着した。

ホテルの部屋は寒く、雪の積もった天窓の外の気温は大きく零度を下まわっていた。暖房は床暖房なので反応が少々遅く、サーモスタットの設定を変えてもそれに応じて作動しているのかどうか、わかりにくかった。ホテルの係員は、すぐに温度は上がりますと請け合ったが、どんどん寒くなるようだったので、ついにファンヒーターを運び入れて補助に使うことにした。受付の人は、暖房装置が新しいので、温度をあまり高く設定しないのが肝心だと言っていた。

午後もずっと遅くになって、この建物の技師がやってきて、暖房が設置されたばかりなので温度をあまり高く設定してはいけないという迷信に首をひねり、私と同じく、ドアの外の廊下では暖房がちゃんと効いているのにとまどっていた――だから私はドアを開けっ放しにしていたほどだ。幸いなことに、全室の暖房を操作するマスターパネルが部屋のドアを開けたすぐ前にあったので、技師と私はそこに表示されているものを見ていた。そのうち技師は、客が外出中だった隣の部屋の温度を調べに行った。隣の部屋はとても暖かかった。

突然、技師は、私の抱えている問題の原因に気づいた。私の部屋のサーモスタットには隣室の暖房の配線がつながっていて、こちらの暖房の配線が隣室のサーモスタットにつながっていたのだ。その結果、工学者なら「温度不安定性」と呼ぶものにぴったりの事例が生じていた。隣室の客は暑いと感じ、サーモスタットの設定を下げた。そのために私の部屋が寒くなり、私がサーモスタットの設定を上げた。それで隣室の客はまだ暑くて、サーモスタットをもっと下げ、私はまだまだ寒いので、サーモスタットをもっと上げて……それが繰り返され、幸いにも隣の客はあきらめて外出したのだった。

この種の不安定性は、二人の人間が互いに隔離され、別々に自分の利益を追求することで高じていく。同じ種類の問題が原因で、もっと深刻な環境問題が起こりうる。涼しくするために扇風機やエアコンをたくさん動かすと、大気中の二酸化炭素の濃度が上がり、そのために太陽熱を地球の表面にたくさん閉じ込めることになり、もっと涼しくしたくなる。ただしこちらの問題は、配線をちょっと直すだけでは解決できない。

23　千鳥足

家に帰る道を教えてくれよ
もうくたくたで、ベッドに入って眠りたい
一時間くらい前に少し飲んだけど
すっかり酔っぱらったみたい

詞・曲アーヴィン・キング

世界中の警官に採用されている飲酒の検査方法と言えば、まっすぐに歩けるかどうかを見ることが挙げられる。ふつうの状況でなら、身体が不自由でない人だったら簡単にできる。それに、自分の歩幅がどれだけか知っていたら、何歩か進んだ後、どれだけの距離を歩いたかが正確にわかる。歩幅が一メートルなら、*S*歩進んだ後では、出発地点から*S*メートルのところに来ている。だが、なぜだかまっすぐに歩けないという場合を想像してみよう。実際、前後不覚の状態にあるとしてみよう。次の一歩を踏み出す前に、自分の周囲のどの方向でも選ぶ確率が等しくなるようにランダムな方向に足を向け、そちらの方向に一メートル進む。またランダムな方向に足を向け、その方向に一歩進む。こうやって次に進む方向を選んでいくと、酔歩（すいほ）と呼ばれるような、くねくねと曲がった予測不可能な経路になることがわかるだろう。

酔歩については興味深い問題がある。酔っぱらいが*S*歩進んだとき、出発点から直線距離でどれだけ進んでいるか。しらふの人間で歩幅が一メートルなら直線距離Sを進むにはS歩かかるのはわかっているが、酔っぱらいが出発点から同じ距離だけ進むには、一般的にはS^2歩かかる。(3)だから、しらふなら一〇〇歩進めば直線距離で一〇〇メートル進むが、酔っぱらいだと、これだけ進むのにふつう一万歩かかるのだ。

幸いなことに、酔っぱらいの千鳥足の例からわかること以外にも、この数字からわかることはまだまだある。ランダムな方向に足跡が続く図は、分子がある場所から別の場所へと広がっていくようす――周囲の分子より熱い分子が、平均して他より速く動くためにそうなる――を表す優れたモデルなのだ。そうした分子は、次々と他の分子をランダムに散乱させ、ちょうどよろよろ歩く酔っぱらいのように、出発点から広がっていく。散乱と散乱の間に分子が飛ぶ距離Nと同じ分だけ進むには、約N^2回の散乱が必要になる。部屋の向こう側にあるラジエーターのスイッチを入れてから暖かさを感じるまでにかなりの時間がかかるのは、この理由による。他よりもエネルギーのある(「他より熱い」)分子は部屋の中を「酔っぱらい」みたいに曲がりくねって進む。それにたいして、パイプの中で気泡が立てる鈍い音の音波は、音速でまっすぐに飛んでくるのだ。

24 出たとこ勝負

ブラックアダー　その作戦は、前回と、その前の一七回に使ったのと同じものではないか。
メルチェット　そ、そのとおりでございます！　だからこそすばらしいのであります！　隙のないドイツ人どもも、きっと虚を突かれます！　これまで一八回とってきた作戦を今回そのまま行うとは、やつらは絶対に思いもしませんから！

脚本リチャード・カーティス、ベン・エルトン〔イギリスの歴史コメディTV番組「ブラックアダー」シリーズより〕

統計についてよく誤解されていることの中でも非常に興味深いものに、ランダム分布にまつわる誤解がある。あるものの配列がランダムかどうかを判断しなければならないとしよう。パターンを見つけるか、その他の予測のつく特徴を見つけるかで、ランダムかどうかを判断しようとするだろう。コインを連続してはじいた結果ということにして「表」と「裏」のリストをいくつかでっちあげてみよう。ただし、本当にコインを投げた場合のリストと見分けがつかないようにしておく。コインを三二回はじいた場合に起こりうる擬似配列を三つ挙げよう。

裏表表裏表裏表裏表裏表裏表表表裏裏表裏表表裏裏表表裏表裏表裏表表

裏表表裏表裏表裏表表表表裏表裏表表裏表裏表裏裏表表表裏表裏表裏裏

表裏表表裏表裏裏裏表裏表裏表裏表表裏表裏裏裏表表裏表裏表裏表裏裏

それらしく見えるだろうか。これを見て、実際にコインをはじいて「表」と「裏」が本当にランダムに並んだものらしいと思うだろうか。それとも、あまりにうそっぽいだろうか。比較のために、「表」と「裏」の配列をもう三つ挙げよう。

裏表表表表裏裏裏裏表裏裏表表表表裏裏表裏表表裏裏表裏裏表裏表表

表裏裏裏裏表表表裏表裏裏表表表表裏裏裏表裏裏裏裏表表裏裏裏裏表

裏裏表裏裏表表裏表裏裏裏裏裏表裏裏表表裏裏表裏裏裏裏裏裏裏表表

後の三つのリストが本物のランダムな配列かどうかをふつうの人に尋ねたら、たいていの人は、まずそうではないと言うだろう。最初に挙げた三つの配列の方が、ランダムとはこういうものだというイメージらしく見えるのだ。表と裏がずっと頻繁に入れ替わっていて、後の三つにあるように、表や裏が長く続いたりしていない。パソコンのキーボードでOとUを「ランダム」に並べて打つとしたら、何度も交互に入力して、同じものが長く続くのを避けようとするだろう。そうしなければ、わざとつながりのあるパターンを入れているような「感じ」がするはずだ。

意外なことに、コインを本当にランダムにはじいた結果は、後の方の三つの配列なのだ。パターンがぷつぷつ途切れ、表か裏が長く続いたりしない最初の三つの配列は、でっちあげだ。ランダムな配列で表か裏がこんなふうに長く続くことがあるとはあまり思わないものだが、連続したところがあるかどうかが、表と裏の配列が本物のランダムなものかどうかを見分ける厳密なテストのひとつでもある。コインをはじく過程には、記憶はいっさい作用しない。公正にコインをはじいて表が出るか裏が出るかの確率は、前回の結果とは関係なく、毎回$1/2$になる。毎回毎回が、独立した事象なのだ。だから、配列の中に表がr回または裏がr回連続する確率は、単に、$\frac{1}{2}\times\frac{1}{2}\times\frac{1}{2}\times\frac{1}{2}\times\cdots\times\frac{1}{2}$のように、$1/2$を$r$回掛けた式で表される。それは$1/2^r$となる。だが、コインを$N$回はじいて、表か裏が連続する出発地点となりうる回がNだけあるようにするとしたら、rの長さだけ連続する確率は、$N\times 1/2^r$に増える。r回連続してもおかしくなくなるのは、$N\times 1/2^r$がだいたい1に等しくなるときだ——すなわち$N=2^r$のときとなる。これには実にシンプルな意味がある。およそN回ランダムにコインをはじいたリストを見れば、$N=2^r$の場合にrの長さだけ連続しているところがあると予測されるのだ。

先に挙げた六つの配列はみな、$N=32=2^5$の長さなので、ランダムにはじいてできた配列だとしたら、表か裏が五つ連続したところがある可能性がとても高く、長さが四の連続ならほぼ確実にあることになる。たとえば、三二回はじくとすると、表か裏が五つ連続することが可能な地点は二八あり、平均すると、表か裏がそれだけ連続するところが二つある可能性もけっこう高い。はじく回数の数が大きくなると、はじく回数と連続が始まる地点の数との違いは考えなくてもよくなり、便利な概算式として$N=2^r$を使うことができる。* 最初の三つの配列については、そのような表か裏の連続部分がないからこそ疑うべきだということになり、後の三つの配列についてはランダムな可能性が高いと安心してよいことになる。ここで得られる教訓は、ランダムかどうかを直観で判断する際、ランダムな配列を見ても実際よりもずっと秩序があると考える傾向にあるということだ。そうした傾向が、同じ結果が長く続くような極端なものは自然に起こるはずがないという予想に表れている。毎回同じ結果が出ているので、その並びには秩序があると思ってしまうのだ。

陸軍と海軍とか、オックスフォード大学とケンブリッジ大学とか、アーセナルとスパーズとか、ACミランとインテルとか、ランカシャーとヨークシャーとか、長期にわたって定期的に対戦した結果を見るときには、ここで説明したことをおぼえていると、興味深くなるだろう。ここでも一方のチームが何年も連続で勝ち続けることも多い。ただし、これはふつうランダムな結果ではない。数年間チームの主力を占めていた選手たちが、引退したり移籍したりすると、チームは生まれ変わるからだ。

＊ この結果はたやすく一般化できて、同じように起こりうる結果が二種類（ここでは表と裏）より多い場合のランダムな配列に当てはめられる。偏りのないさいころを振った場合、どれかひとつの結果が出る確率は$1/6$で、同じ結果がr回続くには、さいころを約6^r回振る必要があると予想される。たとえrが小さな数でも、6^rとなるとかなり大きな数になる。

25　平均値の欠陥

どんなことでも証明するように統計数字を作ることができる——真実さえ証明できる。
ノエル・モイニハン

平均値とはおかしなものだ。水深が平均三センチの湖でいったいどうやって溺れるのか、統計学者に尋ねてみればよい。それでも、平均値はあまりに身近で、一見とても簡単なので、すっかり信用してしまう。だが、本当にそれでいいのだろうか。二人のクリケット選手がいるとしてみよう。二人の名前を、まったく仮にではあるが、フリントフとウォーンと呼ぼう〔いずれも有名なクリケット選手の名〕。二人は、シリーズ全体の結果を左右する重要な対抗戦〔2イニング制〕でプレーしている。スポンサーが、最優秀投手と打者への高額の賞金を準備している。フリントフとウォーンは、打撃の方は心配していないが——ただし相手チームにあまり強い打者がいないことを確かめたいと思ってはいるが——がんばって投手賞をとろうとねらっている。

最初のイニング、フリントフは最初いくつかウィケットを取る〔打者に打たれず打者側の的を倒すこと。打者はアウトになる。なお、対抗戦では、1イニングは11人の打者が全員打ち終えるまで続く〕。しかし、球数に比してラン〔おおざっぱに言えば、打者が球を打った後、打者側に立てた杭と投手側の杭との間を、可能な限り往復し、片道を1ランと数え、この数を得点とする〕を少なく抑えながら長く投げたが、その後打たれ、結局、17ランに対して3ウィケットとなり、平均5.67ランとする。そこでフリントフのチームは打撃に入るが、絶好調のウォーンが、連続してウィケットを取り、最終的には40ランに対して7ウィケットとなって、平均を1ウィケットあたり5.71ランとする。それでも最初のイニングでは、平均は5.67対5.71で、フリントフの方が良い（率が低い）。次のイニングでは、フリントフは最初こそ投球数に比して多くのランを取られたが、下位打線には太刀打ちできないところを見せ、110ランに対して7ウィケットを取り、このイニングの平均を15.71とする。そして最終回でフリントフのチーム相手にウォーンが投げると、最初のイニングほど調子はよくないが、それでも48のランに対し3ウィケットを取り、平均を16.0とした。つまり、第二イニングも、15.7対16.0で、フリントフのほうが投球の平均成績がよい。

投手	初回成績	初回平均	二回成績	二回平均	総合成績	総合平均
フリントフ	3ウィケット／17ラン	5.67	7ウィケット／110ラン	15.71	10ウィケット／127ラン	12.7
ウォーン	7ウィケット／40ラン	5.71	3ウィケット／48ラン	16	10ウィケット／88ラン	8.8

どちらの成績の方が上で、最優秀投手賞を獲得することになるだろうか。フリントフの方が、初回の平均値も二回の平均値も良い。賞をもらうのは一人だけとなると……。ところがスポンサーはちがう見方をして、試合全体の得点を対象にする。2イニング全体では、フリントフは127のランに対して10ウィ

ケットを取り、平均ではウィケットあたり12.7ランとなる。一方ウォーンは、88のランに対して10ウィケットを取り、平均は8.8となる。明らかにウォーンの平均値の方が良く、投手賞を獲得する。フリントフの方が、初回と二回それぞれにおいては、平均値が良いというのに。

似たような例がいろいろ頭に浮かんでくる。二つの学校が、生徒一人あたりのGCSE〔中等教育卒業資格試験＝イギリスで通常一六歳で受験する統一試験〕の平均得点で評価されるとしてみよう。科目ごとに比較すると一方の学校のほうが各科目の平均得点は高いかもしれないが、全部の得点を合計して平均したら、もう一方の学校よりも平均値が低くなることもあるかもしれない。この学校は、各科目においてもう一方の学校よりも優れていたと親に正しく説明できるだろうが、もう一方の学校も、生徒たちは平均して向こうの学校の生徒よりも得点が高かったと親に言うこともできる（こちらもまちがってはいない）。

平均値には、本当におかしなところがある。平均値には要注意。

26 宇宙の折り紙

理解できるくらい単純な宇宙はどれも、単純すぎて、それを理解できるような知性を生み出すことができない。

バロウの不確定性原理

自信過剰なティーンエージャーを相手にして賭けに勝ちたいなら、Ａ４サイズの紙を一七回以上半分に折ってみろと挑んでみよう。絶対に折れはしない。二倍したり半分にしたりといったプロセスは、想像以上に加速していくものだ。たとえば、Ａ４の紙を持ってきて、苦労して折らなくていいように、レーザービームで半分、また半分とすっぱり切っていくとしよう。ほんの30回切ると、紙の一辺が10^{-8}センチまでになる。これは水素原子一個の大きさに近い。半分に切るのを47回続けると、10^{-13}センチまでになる。これは、水素原子の原子核を形成する陽子一個の直径だ。もっと続けて114回切ると、約10^{-33}センチという驚くべきサイズに到達する。人間本位の計測単位では想像できないサイズだが、たしかに、紙を114回半分に切ると考えると想像できないこともなく、決して想像を絶するというわけでもない。この大きさについて驚くべきことは、物理学者にとっては、これが、空間と時間という概念そのものが雲散霧消し始める大きさだということだ。紙をちょうど114回半分に切った切れ端に何が起こるのかを教えてくれるような物理理論や、空間や時間や物質についての記述は何もない。私たちの知っている空間は存在するのをやめ、ある種の混沌とした量子の「泡」に取って代わられ、そこでは、重力が新たな役割を果たすようになり、存在しうる種類のエネルギーを形成する手助けをする。[4] 10^{-33}センチとは、現在のところ、物理的な現実が「存在」すると考えうる最小の長さだ。この小さなサイズは、新たな「万物理論」になろうと今日主張されているすべてのものが目指している限界である。ひも理論、M理論、非可換幾何、ループ量子重力、ツイスター——これらはみな、一枚の紙が114回半分に切られたときに実際に起こることを記述するための、新たな方法を探し求めている。

このA4の紙を、A3、A2というようにサイズを二倍にしていくと、何が起こるだろうか。ほんの90回二倍にするだけで、すべての星と目に見える銀河を通り越し、目に見える宇宙全体の果て、140億光年の彼方に達する。おそらく、この先にももっとたくさんの宇宙があるだろうが、私たちの宇宙が140億光年前に膨張を始めてから光がこちらに届くまでの時間というのを考えると、最大限の距離になる。これが、私たちの宇宙の地平だ。

大小どちらも合わせると、一枚の紙を半分にする回数と二倍にする回数の合計204回だけで、物理的な現実がとりうる最小の寸法から最大の寸法まで、空間の量子的な起源から目に見える宇宙の果てまで到達してしまうのだ。

易しい問題（イージー・プロブレム）と難しい問題（ハード・プロブレム）

この有名なハード・プロブレムの現物（ハード）の例を見つけることは、難しい（ハード）かもしれない。
ブライアン・ヘイズ〔アメリカのサイエンス・ライター〕

大きなジグソーパズルを完成するには長い時間がかかるが、それができたかどうかを確かめるのは一瞬ですむ。コンピュータで二つの大きな数を掛け合わせるのは瞬時にできるが、大きな数にするために掛け合わせたもとの二つの因数を自分で（パソコンも使って）見つけるには、長い時間がかかる。前々から、「難しい問題（ハード・プロブレム）」と「易しい問題（イージー・プロブレム）」には、それを解くのに必要とされる計算時間の長さに反映されるような客観的な境界線があるのではないかと考えられてきたが、そうだともそうでないとも証明されていない（どちらの証明にも、百万ドルの賞金がかけられている）。

計算、あるいは所得税の申告書を手作業で作成するような情報を集計する仕事は、行うべき計算の量が、処理すべき件数に比例して増えるという特徴がある。収入源が三つあれば、三倍の作業をしなければならない。これと同じように、コンピュータでダウンロードするファイルの大きさが十倍になれば、時間も十倍かかる。本を十冊読むのには、だいたい一冊分の十倍の時間がかかる。このパターンは、「易しい」方の問題に見られる特徴だ。ふつう言われるような意味では易しい問題ではないかもしれないが、たとえこういう問題をたくさん集めても、必要とされる仕事の量が急激に増えるわけではない。この類の問題なら、コンピュータで簡単に処理できる。

あいにく、扱いがこれほど易しくない、別の型のものもあり、そういう問題にもしょっちゅう出会う。計算に追加のピースが入るたびに、それを解く計算に必要な時間が二倍になる。必要な合計時間は、あっという間に途方もない長さになり、世界最速のコンピュータでさえ、あっさり降参してしまうことになる。ここで言う「難しい問題」とは、そういうことだ。[5]

意外なことに、「難しい」問題は、必ずしもものすごく複雑とか気が遠くなるほど難しいとかは限らない。「難しい」問題には、たくさんの可能性が含まれているだけだ。二つの大きな素数を掛け合わせるのは、計算上は「簡単な」作業だ。これなら、暗算でするか、鉛筆と紙を使うか、電卓を使うか、好きなようにしてできる。ところがその答えを誰かに教えて、掛け合わせた二つの素数を見つけるように言うと、その人は、世界最速のコンピュータを使って一生涯かけて答えを探すことになるだろう。

こうした「難しい」問題のどれか、しかも簡単そうに見えてじつは難解な問題に挑戦したいなら、足すと389965026819938になるような二つの素数を探してみるとよい。*

こうした「落とし戸（トラップドア）」的な作業——落とし戸から落ちるときのように、一方向に向かうのは反対方向に行くよりずっと簡単なことからこう呼ばれる——は、まったく悪いことばかりでもない。そのために、世の中はやりにくくなるが、もっともな理由があって私たちが困らせてやりたいと願う人たちにとってもやりにくくなるからだ。世界中の主要な安全のための暗号には、落とし戸の仕組みが用いられている。インターネットで買い物をしたりATMで現金を引き落としたりするたびに、その仕組みを使うことになる。あなたの暗証番号は大きな素数と組み合わされ、あなたの口座情報を盗もうとしているハッカーやコンピュータ犯罪者は、巨大な数を、その数にするために掛け合わされた元の二つの大きな素数に素因数分解しなければならないようになっている。二つの素数を見つけるのは原理的には不可能ではないが、現実的な期間内に実際に解くのは不可能だ。世界最速のコンピュータを自由に使える犯罪者なら何年かかけて暗号を解けるかもしれないが、そのころには、暗号も口座番号も変更されているだろう。

こういう理由で、巨大な素数は非常に貴重なものであり、一定の式で書かれ特許を取られた素数もある。素数の数には限界はなく、どこまで行っても素数はあるが、因数をもたないことを確認して、素数だと確かめられた最大の素数はある。すべての素数を作り出せる魔法の式はないし、そんな式は存在しないと考えられている。もしもそんな式が存在していて発見されたら、世界は恐ろしい危機を迎えるだろう。その式を発見したのが政府機関なら、間違いなくそれを極秘情報にするだろう。それを発見し、あらかじめ警告もせず公表した学者は、世界を崩壊させることになるだろう。軍事や外交や銀行のあらゆる暗号は、高速のコンピュータで一夜のうちに簡単に解けるようになるだろう。電子商取引の世界は、存続が危うくなるような深刻な脅威に直面するだろう。自分の記憶の中に保存される数ではなく、私たち自身の生化学的な個人特有の特徴を利用した、眼球の虹彩や、指紋や、DNAに基づいた認識システムへと移行しなくてはならなくなる。それでもこれらの新しい指標も、安全な方法で保存されなければならない。

素数かどうかわからない数の素因数分解は「難しい」問題だ。たとえ魔法の式でこの暗号が解かれて「易しい」問題だと証明されたとしても、他の「難しい」問題を使って機密情報を暗号化し、問題を逆向きに解いて情報を引き出そうとしても、またもや長い年月がかかるようにすればよいという意見もあるかもしれない。しかし、「難しい」とわかっている問題のどれかが、新たな発見によって「易しい」と証明できたなら、その発見を使って、他のすべての計算上「難しい」問題を「易しい」問題へと転換できることがわかっている。そんな発見はまさに特効薬となるだろう。

＊　答えは、5569 + 389965026814369 となる。

28　これはレコードなのか？

レコードとは、破られるまではもつものだとずっと思っていた。
ヨギ・ベラ〔アメリカ、メジャーリーグの元捕手〕

レコード。そうそう、親たちが持っていた、あの黒い塩ビでできた小さな円盤で、プレーヤーの台に置いて回転させると音を出すやつって、違う。数学者が言っているのは、別の方のレコードだ。最大とか、最小とか、最高気温とかいうものだ。これらは、何らかの方法で予測が可能なのだろうか。最初は、予測できないと思うだろう。確かに、最高記録（レコード）というものは、どんどん「より良く」なっていく傾向にある——そうでなければ最高記録にはならない——が、マイケル・ジョンソンやイアン・ソープみたいな選手が現れて、記録を次々と塗り替えていくようになるかどうか、どうやって予測できるというのだろうか。驚くべきことに、棒高跳びの女子世界記録は、たった一年の間に、エレーナ・イシンバエワによって、試合を重ねて八回更新された。このような最高記録の性質は、とても重要な意味があってランダムなものではない。八個の新記録はそれぞれ、必死に競い合う中で生まれた結果であり、そうした競争は、過去に記録を打ち立てたあらゆる事例と無関係なわけではない。棒高跳びの選手は、新しいテクニックを学び、自分の弱点を改善して技術を高めようとつねに努力している。このような種類の最高記録について予測できるのは、せいぜい、たとえ次の記録が出るまでにかなり長く待つことになろうとも、最後には、また新たな記録が樹立されるだろうということだ。

しかしこれとは別種の、互いに無関係とされているできごとが繰り返される中で生じる記録もある。月別降雨量の最高記録や、ある場所での数百年来の最高気温や最低気温、潮位の最高記録などが好例だ。それぞれのできごとは以前のできごととは関係がないという前提は実に強固で、最高記録が出る可能性について驚くような予測をすることができる。それも何についての記録でもかまわない。雨でも雪でも、落葉でも、水位でも、風速でも気温でも何でもありうる。

イギリスでの年間降雨量を例に出してみよう。降雨量のデータを取った初めての年は、その年の記録が、最高記録になる。二年目には、その年の降雨量が一年目の降雨量と無関係であれば、一年目の降雨量を上回って最高記録になる確率が$1/2$で、一年目の降雨量を上回らない確率が$1/2$になる。よって、最初の二年で打ち立てられると予想される最高記録の数は、$1+\frac{1}{2}$となる。三年目では、一年目、二年目、三年目の降雨量の順位付けには六通り考えられ、その中で三年目のものが最高記録になる例は二つある（すなわち、$1/3$の確率）。よって、記録をつけ始めてから三年後に出ると期待される最高記録の数は、$1+\frac{1}{2}+\frac{1}{3}$となる。これを続けて、どの年にも同じ推論を当てはめると、データを集め始めてから互いに無関係のn年が経過した後には、最高記録となると予想される年の数は、n個の分数を足したものになる。

$$1+\frac{1}{2}+\frac{1}{3}+\frac{1}{4}+\cdots+\frac{1}{n}$$

これは、数学者が「調和」級数と呼ぶ有名な級数だ。n個の項を合計した和を$H(n)$と名づけよう。そうすると、$H(1) = 1, H(2) = 1.5, H(3) = 1.833, H(4) = 2.083$のようになっていく。この級数の和について最も興味深いことは、項の数が増えても和の大きさの伸びがとてもゆっくりとしていることだ。*　だから$H(256) = 6.12$だが、$H(1{,}000)$はわずか7.49で、$H(1{,}000{,}000) = 14.39$だ。

これから何がわかるだろうか。イギリス国内のある場所で一七四八年から二〇〇四年、すなわち二五六年間の降雨量記録に対してこの公式を当てはめるとしてみよう。すると、最高（もしくは最低）降雨量の記録が出る年は、$H(256) = 6.12$、すなわち六回ほどしかないはずだと予測される。キュー国立植物園によるこの期間の降雨量の記録を見ると、その間に最高記録の出た年の数はこの通りになっている。最高記録の出る年が八回になる確率が充分高くなるまでには、さらに千年以上待たないといけないだろう。できごとがランダムに起こるなら、最高記録はめったに出ない。

最近、世界中で、気候が全体として変化している現象、いわゆる「地球温暖化」についての不安が高まっていて、さまざまな場所で、その地域における天候に関わる最高記録が異様なまでにたくさん出ていることが知られている。この調和級数で予測されるよりも、記録が新たにもっと頻繁に出るようになるとしたら、そのことからは、年間の気候に関わるできごとは、もはや前年までと無関係なできごとではなく、ランダムではない全体的な傾向の一部となり始めていることがわかるだろう。

＊　実際、nが非常に大きくなると、$H(n)$は、最大nの対数の速さで増え、$0.58 + \ln(n)$にきわめて近くなる〔0.58は、$H(n)$と$\ln(n)$との差の極限として定義される「オイラーの定数」〕。

29 自作宝くじ

小さい数の強法則——課せられたすべての条件を満たせる充分に小さな数はない。

リチャード・ガイ〔イギリスの哲学者〕

客人をしばらく楽しませるために、簡単でしかも頭をひねる必要のある室内ゲームをお探しなら、私が「自作宝くじ」と呼ぶものを試してみるといいだろう。みんなに、正の整数をひとつ選び、その数と自分の名前を紙に書くように指示する。他の人が選んでいない、いちばん小さい数を選んだ人が勝つ。必勝の戦略はあるだろうか。1や2みたいな、最小の数にすればよいと思われるかもしれない。でも、他の人たちも同じように考えるだろうから、他の人が選んでいない数ではなくなるだろう。とても大きな数——選べる数は無限にたくさんある——を選べば、確実に負けるだろう。それより小さい数をあっさり選ぶ人が他に誰かいるからだ。したがって、最適な数は、いちばん小さい数と非常に大きい数の間のどこかになる。でも、どのあたりがいいだろう。7とか11とかはどうだろう。誰も7を選んだりしないだろうか。

必勝戦略があるかどうかは私にはわからないが、このゲームからは、私たちは自分のことを「典型的」な人間だと思いたがらないということならわかる。私たちは、他の人が思いつかないけれども何かの理由で小さい数を、何らかの理由で選べると考えがちなのだ。もちろん、誰に投票するかとか、何を買うかとか、休日にどこへ行くかとか、金利の引き上げにどう反応するかとかを世論調査で予測できるのは、まさしく、私たち人間が非常に似通っているからなのだが。

このゲームについて、もうひとつ、私がそうではないかとにらんでいることがある。選べる数は無限にあるが、そのほとんどは無視されている。20あたりが上限となったり、ゲームの参加人数の二倍の数が20より大きければその数までになったりして、それ以上大きい数は誰も選ばないと思われている。それに5くらいまでの数個も除外されている。あまりにあたりまえすぎて、他の誰かが選ばないわけがないと思われているからだ。そうして、残りの数から、およそ等しい確率で数が選ばれているのだ。

どの数が好まれるかを系統立てて研究するには、多数の参加者をサンプルにして（ゲーム一回につき一〇〇人くらい）、何度もゲームをして、選ばれた数のパターンと、勝った人の選んだ数を調べるとよいだろう。それに、参加者が繰り返しゲームをしたら、戦略をどのように変えてくるかを調べると、おもしろいだろう。このゲームをコンピュータでシミュレートしても、有効とは限らない。なぜなら、どういう戦略を使ったかを記録しないといけないからだ。明らかに、数はランダムに選ばれない（ランダムだとしたら、すべての数が等しい確率で選ばれることになる）。心の動きが重要になってくる。他の人たちが何を選ぶかを想像するのだ。しかし、自分は他の人のようには考えないと思う気持ちが強すぎて、ほとんどの人はそこで失敗する。もちろん、最も小さい数を選ぶ確実な戦略が本当にあるとしたら、だれもが論理的に考えてそのやり方に従うだろうが、そのために、他の人が選んでいない数を選ぶことができなくなり、その戦略では決して勝てないことになる。

30 そんなことは信じない！

これはパイプ三服分の問題だから、一五分間は私に話しかけないでくれたまえ。
シャーロック・ホームズ

あなたは生中継されるテレビのゲーム番組に出演中だ。テンションの高い司会者が、A、B、Cの名前がついた三つの箱をあなたに見せる。そのうちのひとつに、あなたを受取人にした百万ポンドの小切手が入っている。残りの二つの箱には、司会者の写真が入っている。司会者はどの箱に小切手が入っているかを知っている。あなたが正しい箱を選べば小切手はあなたのものになる。あなたはAの箱に近づく。司会者はCの箱に手をかけ、中に自分の写真が入っているのを観客に見せる。小切手はAかBの箱にあるはずだ。あなたはそこでAの箱を選んだ。すると司会者が尋ねる。そのままAにしますか、それともBに変えますか。さて、どうすべきだろう。Bの箱に変えたい衝動にかられるかもしれない。その一方で頭の中には、「Aのままで行け、司会者はテレビ局に金がかからないようにお前の意見を変えさせようとしているだけだ」という声が響いている。あるいは、もっと理性的な声が、「小切手のある場所はずっと変わらないのだからどちらの箱を選んでも何も変わらない、最初に選んだのが正しいかそうでないかだけだ」と訴えているかもしれない。

これには驚くべき正解がある。実は、Bの箱に変えるべきなのだ。そうすれば、小切手の入っている箱を選ぶ確率が二倍になる。Aの箱のままなら、小切手をもらえる確率は1/3になる。Bの箱に変えれば、確率は2/3に上がる。

どうしてそんなことになるのだろうか。まず、小切手が箱のどれかにある確率は1/3だ。つまり、小切手がAの箱にある確率は1/3で、BかCの箱にある確率は2/3になる。司会者が割って入って自分で箱を選んでも、つねに小切手の入っていない箱を選ぶわけだから、この確率は変わらない。だから、司会者がCの箱を開けた後も、小切手がAにある確率は1/3のままだが、小切手は確かにCには入っていないのだから、Bにある確率は今や2/3になる。だから選択を変えるべきだ。

まだ納得できないとあらば、別の見方をしてみよう。司会者がCの箱を開けた後の段階で、選択肢は二つある。Aの箱という選択を変えなければ、最初の選択が正しい場合には、当たりで決まり。逆に、Bの箱に変えることもできる。その場合、当たるとすれば、最初の選択が間違っていた場合に限られる。Aの箱という最初の選択が正しい可能性は1/3で、間違っている可能性は2/3だ。したがって、選ぶ箱を変えれば、小切手を獲得する可能性が2/3になるが、最初の選択を変えなければ、それで当たる可能性は1/3になる。

これで、気持ちを変えるほうが正しいと納得できたはずだ。

31 突発的な火事

一握りの塵のなかに恐怖を見せよう
T・S・エリオット『荒地』

数々の大火から学んだ教訓のひとつに、塵は死を招くというものがある。古い倉庫から出たちょっとした火が、それを消そうとしたために激しい猛火へとあおられることがある。大量の塵が空気中に吹き上げられて引火し、一瞬のうちに炎を周囲にまき散らすのだ。暗く誰も訪れないようなところ――エスカレーターの下や何列にも並んだ椅子や忘れ去られた貯蔵庫――ならどこでも、知らないうちにかなりの量の塵がたまっていて、火事につながる危険性がとても高い。

なぜだろう。ふつう、塵は特に燃えやすいものだとは考えられていない。どうやってその塵が、これほどまでに破壊的な存在に変化するのだろうか。その答えは幾何学に関係する。まず、正方形の物を用意して、それを一六個の小さな正方形に切り分ける。もとの正方形の寸法が四センチ×四センチなら、一六個の小さな正方形の寸法はそれぞれ一センチ×一センチとなる。その物の面積の合計は同じく一六平方センチだ。何も失われていない。しかし、外部と接する縁の長さに大きな変化がある。もとの正方形の周囲の長さは一六センチだったが、小さく分けられた正方形それぞれの周囲の長さは四センチで、正方形が全部で一六個あることから、周囲の長さの合計が一六×四センチ＝六四センチとなり、四倍も大きくなっている。

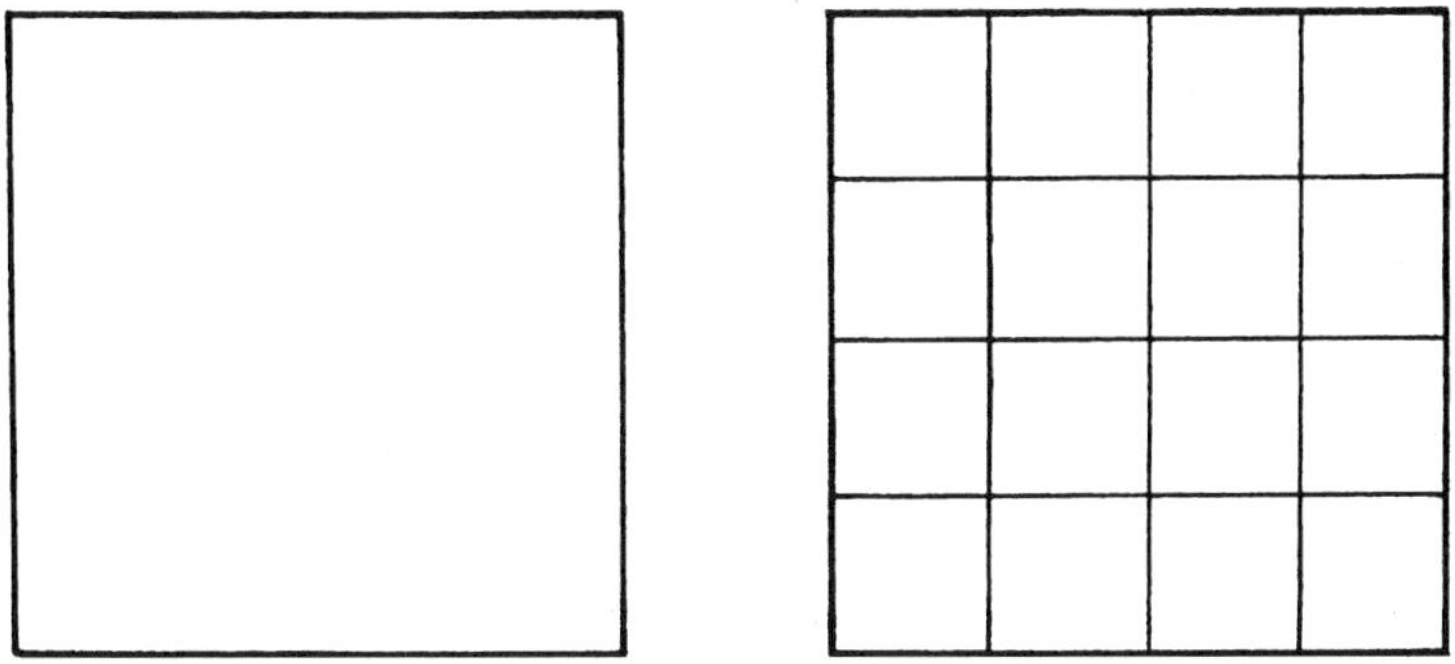

立方体で同様のことをしてみよう。四センチ×四センチの寸法の面が六面ある（さいころの目は六までだ）。それぞれの面の面積は一六平方センチなので、大きな立方体の表面積は一六×六平方センチ＝九六平方センチとなる。ところがこの大きな立方体を、それぞれの寸法が一センチ×一センチ×一センチの六四個の小さな立方体に切り刻むと、その物の総体積は変わらないのに、小さな立方体（一センチ×一センチの面積をもつ面が六つある）の表面積の合計が、一×六×六四平方センチ＝三八四平方センチにまで大きくなる。

こうした簡単な例からわかるのは、物が小さな部分に分かれると、その断片が小さいほど、断片にある面の合計が莫大になるということだ。火は面に乗って成長する。この面の上で可燃物が、火が燃え続けるために不可欠な空気中の酸素と接触するからだ。だから、キャンプファイアーの火をおこすときには紙を細かく破く。ひと塊の物質だと、燃え方はひどく遅くなる。物質と周囲の空気とが接する面こそが燃焼が起こる場所だというのに、そのじかに接している部分がとても小さいからだ。物質の塊が崩れてばらばらの塵になると、物質が空気と接触する表面積が莫大に増え、いたるところで燃焼が起こり、塵から塵へとすばやく広がっていく。その結果、空気中の細かい塵の密度が非常に高いところでは、みずから燃え上がる激しい炎が空気を覆い、突発的な火事や壊滅的な火事嵐（ファイヤーストーム）につながることがある。

一般的に、体積や組成が同じなら、大きなものがひとつあるよりも、小さなものが多数あるほうが、火事を引き起こす危険性が高くなる。大きな木をすべて切り倒し、森林のあった土地一帯に広く木片や木くずが放置されるような場合が、現在よく言われる例だ。

粉は、大量になると危ない。一九八〇年代のイギリスで、大規模な災害が起こった。イングランド中部にあるカスタード用粉末製造工場で火事が起きたのだ。粉ミルクや小麦粉やおがくずを小さな炎にほんの少しふりかけるだけで、空気中に何メートルもの高さにそびえる激しい炎になる。絶対にまねしないこと。写真を見れば充分だから。*

＊　学校教師のニール・ディクソンが化学の授業で実験をした一連の写真が、こちらで見られる。http://observer.guardian.co.uk/flash/page/0,,1927850,00.html

32 秘書の問題

問題の主たる原因は解決策にある。

セヴァライドの法則〔アメリカの放送ジャーナリスト、批評家〕

大勢の候補者から誰かを選ぶにはどうすればよいか。よくある問題だ――会社の管理職が、秘書の職に応募してきた五百人を検討するとか、国王が王国内の若い娘全員の中から妻を選ばないといけないとか、大学が大量の数の応募者から最も優れた学生を選ぶとか。候補の数がほどほどなら、全員と面接をして、一人ひとりを比べ、今ひとつわからないと思う人はもう一度面談し、ポストに最適の人を選ぶことができる。応募数が膨大になると、これは実際的な考え方ではないだろう。誰かをランダムに選ぶこともできるが、N人の応募者がいるとすると、ランダムに選んで最適な人が選べる確率は$1/N$にしかならず、Nが大きな数ならこの確率はごく低くなる。応募者が百人以上ともなると、一パーセントにも満たない。最適の候補者にたどりつくには、全員を面接するという最初に挙げた方法が、時間はかかるが信頼の置けるやり方だ。それに代わるランダムに選ぶという方法は、時間はまったくかからないが、信頼はほとんど置けない。この二つの極端な方法のどこか中間に、「最善」の方法がないだろうか。途方もなく長い時間をかけずとも、最適の候補者を見つける確率がかなり高くなるような方法が。

実は、そういう方法はある。そのうえ耳を疑うほど驚くことに、簡単で、そのわりには効果が高い。

まず、基本原理を説明しよう。ある「ポスト」に対してN人の応募者がいて、その人たちを、ランダムな順序で検討していく。一人の候補者の検討を終えたら、それまでに検討した他の応募者全員と比較してどうだったかを記録する。ただし目的は、これまでに検討した中での最適な候補者を見つけることだ。いったん検討が終わった候補者については、もう一度戻って検討することはできない。最適の候補者を採用することでしか、評価はされない。どんな人を選んでも、最適な人でなければ、失敗は失敗だ。だから、候補者の面接を終えるたびに、これまでに検討した中で（面接が終わったばかりの人も入れて）最適の人は誰かということを心に留めておかなければならない。最高の候補者を選ぶ確率を最大にするためには、N人の候補者のうち、何人の面接をする必要があるだろうか。そして、どういった戦略をとるべきだろうか。

N人の候補者リストの中で最初のC人と面接し、残る候補者の中から、次に出会う最初のC人全員よりも優れているとみなせる人を選ぶ――これがとるべき戦略となる。しかし、どうやってCを何人と決めればよいだろう。それが問題だ。

三人の候補者1、2、3がいて、実際には3が2よりも優れていて、2は1より優れているとしよう。三人の面接の順番として、次のような六通りが考えられる。

123　132　213　231　312　321

最初に会った候補者をつねに選ぶと決めているとしたら、この戦略では、六通りの面接パターンの中で二つの場合に限り最適な候補者（ナンバー3）を選ぶことになり、2/6、すなわち1/3の確率で最適な人を選べる。最初の候補者は見送り、それよりも評価が高い次の人をつねに選ぶとしたら、二番め（132）、三番め（213）、四番め（231）の場合に限り最適の候補者を選ぶことになり、最適な人を選ぶ確率は、今度は3/6、すなわち1/2になる。最初の二人は見送り、その二人より評価の高い三人めを選ぶとしたら、一番め（123）と三番め（213）の場合に限り最適の候補者を選択でき、最適な人を選ぶ確率はわずか1/3になる。したがって、候補者が三人の場合、一人は見送り、それよりも評価の高い次の人を選ぶという戦略が、最適の候補者を選ぶ確率が最も高くなるものとなる。

この種の分析を、候補者の数Nが3より大きい状況にも当てはめることができる。候補者が四人なら、全員と会う順番は二四通りある。この場合でも、最初の候補者を見送り、それよりも優れた次の人を選べば、最適な候補者を選び出す確率が最大となって、その成功率*は11/24になる。最適な候補者を選ぶ確率がどのように変化するかを見るために、この論理を多数の数の候補者にも当てはめて、最初の一人、二人まで、三人まで、四人まで……の候補者に会ってから、次に出会うそれよりも優れた人を選ぶとしてみよう。

候補者の人数が増えるにつれ、戦略とその結果はつねに、最適なものへと近づいていく。候補者が一〇〇人いる場合について考えよう。最適な戦略(6)は、そのうちの三七人に会い、そのうちの誰よりも優れていると見なせる人に次に会ったとき、その人を選び、残りの人には会わないというものだ。そうすると、およそ三七・一パーセントの確率でポストに最適な候補者を選べることになる。ランダムに選ぶ場合の確率一パーセントと比べたら、かなり高い確率だ(7)。

この種の戦略を実際に使うべきだろうか。仕事のポストへの採用面接なら全員と面接すべきだというのはもっともだが、新しい経営者を誰にするかとか、「嫁探し」をするとか、次のベストセラーとなるべき企画をどれにするとか、住むのに最高の場所を探すとかいったプロセスにも同じ理屈を当てはめたらどうなるだろう。一生の間ずっと探し続けるわけにもいかない。どの時点で探すのをやめて、決定を下すのがよいか。問題のレベルを下げて、一晩泊まるモーテルや食事をするレストランを探したり、最適な休日の過ごし方をオンラインで検索したり、いちばん安いガソリンスタンドを探したりするには、いくつの選択肢を検討してから決定すればいいだろう。こうした問題はみな、これまでに見てきた類の最適な戦略を求める逐次選択問題だ。経験上、最終的な選択をするまでに、充分に長い時間をかけて探してはいないことがわかる。心理的なプレッシャーや、単なる短気（自分自身か相手かの）もあって、選択肢の三七パーセントという、境目となる割合を検討し終えるずっと前にどれかを選んでしまうのだ。

＊　候補者の中の最初か最後の人をつねに選ぶ場合には、求める確率は$\frac{1}{4}$になり、二人の候補者を見送る場合には、確率は$\frac{5}{12}$になる。一人の候補者を見送る場合には、確率は$\frac{11}{24}$となり、これが最適となる。

33 公平な離婚調停――双方が納得できる解決策

コンラッド・ヒルトン〔アメリカのホテル王、パリス・ヒルトンの曾祖父〕は、離婚調停でとても気前がよかったわ。ホテルの客室用聖書〔そのための団体から寄付される〕を五千冊もくれたもの。

ザ・ザ・ガボール〔アメリカの女優〕

「分けるっていいことだよね、パパ」。当時三歳の息子が、自分のアイスクリームを食べてしまってから、私の分を見てそう言った。だが、分けるというのはそんなに単純なことではない。何かを二人でもそれ以上の人でも分けないといけないなら、何に気をつけるべきだろうか。簡単な考え方は、公平になるように分ければいいだけだというもので、二人の間で財産を半分に分けることもこれに入る。残念ながら、とても単純なもの、たとえば金額のようなものを分けるときにはこのやり方でうまくいくかもしれないが、財産分与のように違う人に違うものを分ける場合なら、当然この方式をとるべきだとは言えない。ある土地を二国間で分けないといけないなら、どちらの国も、農業用水とか、観光地となる山脈とかをそれぞれに重要視するだろう。あるいは、分けられるものが好ましくないものの場合もあるだろう――たとえば家事や順番待ちの列に並ぶようなことだ。

離婚調停の場合、分けるものがいろいろあるが、人によって違うものに違う価値を置くものだ。一方は家を最も大事にし、相手は絵画のコレクションやペットの犬を大事にする。調停人になるとしたら、分けられるさまざまな品の価値は、こちらから見たらひとつだが、当事者の二人は、財産全体のあれこれにさまざまな価値を置いている。調停人が目指すべきは、両者が満足するような分け方に到達することだ。かといって、半分にすることが、単に数値的な意味において「等しい」ことだとは限らない。

シンプルで伝統的な手順によれば、一方に財産を折半する分け方を指定させ、もう一方に二つの部分のどちらを選ぶかを決めさせる。この方法を取ると、分割する側は間違いなく公平にならざるをえない。相手が「得」な方の半分を選んだら、その分自分が損をするからだ。この方法をとれば、分割の過程で妬みが生まれるのを避けられる（分ける側が財産についてもう一方が知らないこと——たとえばある土地の地下に石油が埋蔵されているなど——を知っている場合を除き）。それでも問題の火種は残る。二人ともまだなお別々の部分に違う価値を置いているので、一方にとっては良いと思われるものも、もう一方の目には良いとは映らないこともある。

スティーヴン・ブラムス、マイケル・ジョーンズ、クリスチャン・クラムラーは、戦利品を二人で分けるときに、両者ともに公平だと思えるような優れた分け方を提案した。どちらの側も、調停人に、自分ならどのように財産を等しく分割するかを申告しなければならない。両者がまったく同じ方法をとれば問題はなく、どうするべきかはすぐに決まる。両者の意見が一致しなければ、調停者の介入が必要になる。

財産が一直線に並べられているとして、私ならAの地点で区切るのが公平だと考えるが、相手はBの地点で区切るのがよいと考える。この場合の公平な分割方法は、私にはAの左側の部分を与え、相手はBの右側の部分を与えることだ。二点の間には残った部分があり、調停者はそれを半分に分け、それぞ

れを二人に与える。このプロセスでは、私たちはどちらも、自分が期待した「半分」以上のものをもらっている。両者とも満足だ。

もしかすると、ブラムスたちの提案よりもう少しいいやり方がうまくやれるかもしれない。残った分を調停人が単純に二等分するのではなく、残りの部分についても、公平な分割プロセスを最初から繰り返し、等しく分けられると考える地点を二人がそれぞれ選び、重なり合わない部分をそれぞれが取る。するとまた残った部分(前より少ない)があるので、それを分割する。(前回の分割の合意の後に)最後に残った部分が無視できるくらい少ないか、残りの部分の分割方法がどちらの案でも同じになるまで、このプロセスを続ける。

三人以上の当事者が財産を公平に分けたい場合、このプロセスはもっと複雑になるが、基本的には同じことだ。そうした問題に対するこの解決方法は、ニューヨーク大学が特許を取っていて、論争を解決して公平な資産分割を行うべき事例で商用化できるようになっている。その方法の適用例は、アメリカ国内の離婚裁判所から中東での平和プロセスにまでわたっている。

34 誕生日おめでとう

君はまだ若いから、ひと月を長いと思う。

ヘニング・マンケル〔スウェーデンの作家〕

誕生日のパーティーに大勢の人を招待するとしたら、自分の誕生日がそのうちの一人と同じになる確率が五〇パーセントを超えるには何人を招くべきか知りたくなったりするかもしれない。招待客の誕生日を事前には知らないとして、閏年(うるう)は考えに入れず一年は三六五日だとすると、自分の誕生日が客のうちの一人と同じになる確率が半分を超えるには、少なくとも二五三人を招く必要がある。(8) この数は三六五を二で割った数よりかなり大きい。それは、自分以外の人と誕生日が同じになる客が大勢いるからだ。誕生日にびっくりさせようといっても、支度にはかなりの費用がかかりそうだ。

もっとおもしろいゲームに、客の中に、自分の誕生日に限らず、誰かと誕生日が同じ人を探すというものがある。客の中の二人が同じ誕生日になる確率が半分を超えるには、何人の客を招く必要があるだろうか。この質問を、くわしく計算してみたことのない人に投げかけると、たいていは必要な人数をかなり大きく見積もる。正解は意外なものだ。わずか二三人で、誕生日が同じ人がいる確率が五〇・七パーセントになり、* 二二人では四七・六パーセント、二四人では五三・八パーセントになる。(9) サッカーのチーム二つとそれに審判一人を加えれば、そのうちの二人の誕生日が同じになる確率が半々を超える。

これと、自分の誕生日と同じになるという最初に考えた問題——こちらでは二五三人いれば確率が五〇パーセントを超える——との間には、単純なつながりがある。誕生日が同じ組合せが誰と誰でもでよいのなら必要な人数がわずか二三人になる理由は、二三人を二人一組にする組み合わせがたくさんありうるからだ。実は、$(23 \times 22)/2$ で、二五三通りあるのだ。**

アメリカ人数学者のポール・ハルモスは、少々違う形式を使って、この問題についての便利な概算方法を見つけた。大人数が集まっていて、その数をここでも N とすると、そのうちの二人の誕生日が同じになる確率が半々を超えるためには、その中からランダムに $1.18 \times N^{\frac{1}{2}}$ 人を選ぶ必要があることを証明した。$N = 365$ とすると、この式の値は22.544となるので、二三人が必要になる。

この分析には、前提のひとつとして、誕生日が一年のうちのどの日になるかの確率はどれも等しいことが組み込まれている。実際には、おそらくこれはあまり正しくない。妊娠するのは休暇の時期になる可能性が高く、帝王切開による計画的な出産は、クリスマスや大晦日に設定されることはあまりない。成功したスポーツ選手も、興味深い例のひとつだ。プレミア・リーグの試合に出るようなサッカー選手の誕生日や、イギリス陸上競技チームのメンバーの誕生日を調べてみるといいだろう。おそらく、誕生日が秋に集中する傾向があると思う。その理由は、星座とは関係ない。イギリスの学年は九月の初めに始まるので、九月、一〇月、一一月が誕生日の子どもたちは、六月や七月や八月生まれの同学年の子どもたちよりかなり成長している。それも、六か月から九か月の違いが体力や足の速さにおおいに影響する人生の段階で。だから、秋に誕生日のある子どもたちは、スポーツのチームに入り、十代で花開くような道へと進ませるような、刺激や機会の提供や特別な指導を受ける可能性が比較的に高くなる。別の種類の成熟度が必要とされる活動についても同じことが言えるだろう。

自分の誕生日を、セキュリティチェックの一部として提示しないといけないさまざまな場面がある。銀行やオンライン・ショッピングはもちろんのこと、空港でも、乗客のセキュリティチェックの一部として誕生日の情報が使われている。ここまでの話で見たように、誕生日だけを使うのは、あまり良いことは言えない。二人の顧客が同じ誕生日になる可能性がかなり高いからだ。誕生年も使ったり、それにパスワードを加えたりすれば、その確率は低くなる。それでも基本的には同じ問題をはらんでいるのは見ての通りだが、パーティーで同じ誕生日の人が二人いるかもしれないような三六五個の日付を使うより、誕生日と、たとえば一〇個並んだ文字をパスワードに使うのはどうだろうか。そうすれば、ランダムに一致する確率が一気に下がる。パスワードがアルファベット八文字だとすると、26^{10}通りのパスワードの選び方があり、ハルモスの公式から、顧客の数が1.28×26^{5}、すなわち15,208,161人あたりを超えないと、二人が同じパスワードをもつ可能性が五〇パーセントにはならないことがわかる。二〇〇七年七月現在、世界の人口は、6,602,224,175人と推定されているので、一四文字の配列のパスワードを用いれば、ランダムに一致する可能性が五〇パーセントを超える人数のほうが世界の人口よりも多くなる。

* 閏年を考えに入れれば、わずかに違うが、結局この数は変わらない。

** 最初に選ぶのに二三通りあり、そのそれぞれについて二二通りあるので、23 × 22 となる。だが、二人一組の中の順序は気にしないので、それを二で割る（つまり「こちらとあちら」は「あちらとこちら」と同じ）。

35　風車に挑む

友よ、答えは吹いている風の中にある
ボブ・ディラン

イギリスを旅すれば、田舎に点在する現代的な風車に出会う頻度が、異星人の宇宙船なみに増えてきた。その存在には異論もある。この風車は、きれいなエネルギー源を提供することで大気汚染を抑制するためにあるが、何もない（もちろん風をさえぎるものもない）田舎や海辺に下手に設置されると、新たな形の景観の汚染を引き起こすのだ。

風車について、あるいは今日の呼び名では「風力タービン」について、興味深いことがいくつか問える。かつての風車には四枚の羽があり、中心部でXの文字のように交差していた。現代の風車はたいてい三枚羽で、飛行機のプロペラのようになっている。三枚羽（あるいはデンマーク式）の風車がここまで普及したのには、いくつかの要因がある。三枚羽は、四枚より安い。それならなぜ、二枚羽にしないのだろう。まず、四枚羽の風車には、三枚羽の風車より安定性に欠ける厄介な性質がある。四枚（あるいは偶数枚）の羽をもつ風車には、一枚の羽が最も高い垂直位置にあって風から最大の力を引き出しているとき、その羽の反対側の羽が真下を向き、風車の支柱によって風がさえぎられるという性質がある。そのために、羽全体に負荷がかかり、風車の軸がぶれる傾向が生じ、強風時には危険になることがある。

三枚羽の風車なら（奇数枚の羽の風車ならどれでも）、この問題に困ることはない。三枚の羽はそれぞれ一二〇度ずつ離れているので、どれか一本が垂直でも、残りの二本はいずれも同じように垂直になることはない。もちろん、三枚羽は四枚羽よりも受け止める風の量が少ないので、同量のエネルギーを生み出すには、もっと速く回転しなければならない。

風車の効率は興味深い問題で、一九一九年にドイツの技術者、アルベルト・ベッツによって初めて解決された。風車の羽は、面積Aの空気を掃く回転翼に似ている。空気は、速度Uで羽に向かい、通過したときは、それより遅い速度Vとなる。羽を動かした結果、空気の速度が失われる。これが動いている空気から風車が力を引き出すことができる分だ。羽のところでの空気の平均速度は$1/2\,(U+V)$となる。回転する羽を通り抜ける単位時間あたりの空気の量は、Dを空気の密度として$F = DA \times 1/2\,(U+V)$となる。風車が生み出す力は、空気が回転翼を通過する前後での空気の運動エネルギーの変化率の違いと等しく、$P = 1/2\,FU^2 - 1/2\,FV^2$となる。この等式に$F$の式を当てはめれば、生み出される力は次のようになる。

$$P = 1/4\,DA\,(U^2 - V^2)\,(U + V)$$

しかし、風車がなかったとしたら、乱されない風がもつ力の総量は、$P_0 = 1/2\,DAU^3$になっただろう。よって、風車が動いている空気の塊から力を引き出す効率は、$\frac{P}{P_0}$になり、$P = P_0$の場合これは1に等しくなり、発電機としては一〇〇パーセントの効率になる。最後の二つの式で割り算をすると、こうなる。

$$P/P_0 = 1/2\{1 - (V/U)^2\} \times \{1 + (V/U)\}$$

実におもしろい公式だ。V/Uが小さいとき、P/P_0は$1/2$に近づく。V/Uが最大値の1に近づくと、風力がまったく引き出されず、P/P_0はゼロに向かう。その間のどこか、$V/U = 1/3$のとき、P/P_0は最大値をとる。この場合、発電効率は最大になり、$16/27$、およそ五九・二六パーセントに等しくなる。これが、風車あるいは回転翼が、動いている空気からエネルギーを引き出す際の最大限の効率を示すベッツの法則だ。効率が一〇〇パーセントに届かない理由は簡単に理解できる。もしも一〇〇パーセントなら、入ってくる風の運動エネルギーすべてを、風車の羽で奪わなければならない。たとえば、風車をすき間のない円盤にして風をみな止めてしまえば、そうなるだろう。だがこれでは、回転翼は回らない。風下側の風速（V）は、風車の羽の間を風が通ってこないため、ゼロになるだろう。

実際には、優れた風力タービンでは、なんとか約四〇パーセントの効率を達成できている。風力が使用可能な電力に変換されるまでには、軸受けと送電線においてさらに損失があり、最終的には、利用可能な風力のうちの約二〇パーセントだけが使用可能なエネルギーへと転換される。

羽や回転翼やタービンによって風から引き出すことのできる最大の風力は、$V/U = 1/3$のときに得られるので、$P_{max} = (8/27) \times D \times A \times U^3$となる。回転翼の円の直径が$d$のとき、面積は$A = \pi d^2/4$となり、風車が約五〇パーセントの効率で作動するなら、出力は約$1.0 \times (d/2\ \mathrm{m})^2 \times (U/1\ \mathrm{ms}^{-1})^3$ワットとなる。

36 言葉の手品

ポッシュとベックスは、ホテルの部屋から出られなかった。「入らないで（ドント・ディスターブ）」の札がドアの内側にかかっていたので混乱したのだ。

アンガス・デイトン〔イギリスのコメディアン、作家〕

巧妙な手品を間近で見ても、何がなんだかわからないだろう。手品師が種を明かすと、今度はあきれてしまう。こうもあっさり騙されるものか。すぐ目の前のことなのに、どうして何も見えていなかったのか。聞いてみればなんと単純な仕掛だったのか。スプーンを曲げられるとか、空中に浮かぶとかの話の真偽を判断する力が自分にはどれほどないか、すぐにわかる。いちばん騙されやすいのは科学者だ。ふだん、自然界に騙されることなどないからだ。目に見えることはほとんど何でも真実だと信じてしまう。手品師のほうは何も信じない。

そういうこととの関連で、ちょっとした数学の話をしたい。フランク・モーガン〔アメリカの俳優、『オズの魔法使い』の魔法使い役で有名〕のしていた話を拝借したもので、言葉の手品のひとつの例だ。この話の筋をひとつずつ追っていくと、何かが抜け落ちているように感じる。それがいくばくかのお金だとなると、それがどこに行ってしまったのか、あるいはそもそもどこかにあったのかどうかを突き止めなければならない。

三人の旅行者が夜遅く安ホテルにたどり着いた。みんな、財布には一〇ポンドしかない。三人は、広い一部屋を一緒に使うことにする。一泊の料金は三〇ポンドなので、それぞれ一〇ポンドずつ出し合った。三人がボーイに荷物を運ばせて部屋に入った後、受付係がホテルチェーンの本社からeメールを受け取った。特別サービスとして、今晩宿泊の客には代金を二五ポンドに値引きするというものだ。こういうことには誠実で正直な受付係は、ただちに、ボーイに払戻金として五ポンド札を一枚もたせ、着いたばかりの三人の客の部屋に向かわせた。ボーイのほうは、それほど誠実ではなかった。荷物を運んだ分のチップをもらっていなかったし、五ポンドをどう三人に分ければよいかわからなかったので、二ポンドを「チップ」としてもらっておいて、三人の客に払戻金を一ポンドずつ渡すことにした。したがって三人の客はそれぞれ部屋代として九ポンドを払ったことになり、ボーイが二ポンドをポケットに入れた。これだと合計二九ポンドになる。でも三人は三〇ポンド払ったはずだ。残りの一ポンドはどうなった？*

＊　話の筋を丁寧に見ていけば、お金はどこにも行っていないことがわかる。最終的に、三人の客は合わせて二三ポンド、ボーイは二ポンド、ホテルは二五ポンドもっているからだ。

37 投資とタイムトラベラー

私は占い師ではない！　ただの詐欺師だ！　本物の予言などできない。どうなるかわかっていたなら、家にこもっていたさ。

作ルネ・ゴシニ、絵アルベール・ユデルゾ『アステリックスと占い師』

この宇宙に高度な文明があり、タイムトラベルの技術（と科学）をものにしていると想像しよう。未来に旅することにはまったく議論の余地がないことは理解しておく必要がある。アインシュタインの時間と運動についての理論は、私たちをとりまく世界を実に正確に記述しているが、その理論で、タイムトラベルはあると予言されているし、それは物理の実験で日常的に観測されている。二人の一卵性双生児を別々にして、一人は地球に残り、もう一人は宇宙一周旅行に出かけるとすると、宇宙を旅してきた方は、地球に戻って双子のもう一方に会うと、自分のほうが地球に残っていた相手よりも若い。宇宙から帰ったほうは、タイムトラベルをして、地球に残っていたほうのいる未来にやってきたことになる。

つまり、未来へのタイムトラベルの問題は、どうすればできるかという問題にすぎない。すなわち、圧力に耐え、タイムトラベルを目に見える現実にするために必要な、光速に近い速さを達成できる輸送手段を作ることができるかどうかを問う問題だ。過去へのタイムトラベルとなると、まったく別の問題だ。こちらは、いわゆる過去改変のパラドックスに引っかかる。ただし、そうしたパラドックスのほとんどは誤解にもとづいている。*

以下に述べるのは、この世界でタイムトラベラーが確実に儲かる経済活動に従事していないことを示す、観測にもとづく証拠だ。注目すべき主要な経済的事実として、金利がゼロではないということがある。金利がプラスなら、未来で集めた株価についての知識をもとに、過去に旅して、最も価格が上がるとわかっている株式に投資できるだろう。どんな投資でも、どんな先物市場でも、巨額の利益を上げるだろう。その結果、金利はゼロに引き下げられる。反対に金利がマイナスなら（この場合、未来における投資の価値は下がる）、タイムトラベラーは、投資物件を現在の高い価格で売り、未来においてもっと低い価格で買い戻し、今度は過去に戻り、再び高い価格で売ることができるだろう。ここでもまた、こうした永久に作動するマネー製造機械を停止させようと、市場は金利をゼロへもっていくしかない。こういうことから、ゼロではない金利が存在すると認められるということは、未来から来たタイムトラベラーがこの種の株式売買活動を行っていないということになる。**

これと同じ種類の議論が、カジノやその他のギャンブルについても言えるだろう。実は、こちらのほうがタイムトラベラーにとってはもっと都合のいい標的かもしれない。なにしろ非課税なのだから。ダービーで今度どの馬が勝つか、ルーレットの球が次はどの数のところで止まるか、そういうことを知っていれば、ちょっと過去に旅すれば絶対に勝てる。カジノやその他のギャンブルがいまだに存在し、多額の収益をあげているという事実は、またしても、タイムトラベルをするギャンブラーが存在しないという有効な説明になっている。

これらの例は、かなり非現実的に見えるかもしれないが、よく考えると、同じような議論が、さまざまな形の超感覚的知覚（ＥＳＰ）や超心理学的に得られた知識にも向けられるのではないだろうか。未来を予知できる人なら誰でも、莫大な富をすばやく簡単に蓄積できるという大きな強みをもっている。毎週、宝くじに当たることもあるだろう。未来についての信頼できる直観が、ある人間〔あるいは人類出現以前の〕の知性に宿っていれば、その知性の持ち主には、進化上とても大きな強みが授けられるだろう。そういう人は、確信をもって危険を予知し、将来の計画を立てられるだろう。あらゆる可能性に備えた保険証券を持ち主に与えた遺伝子は至るところに広がり、その遺伝子の持ち主はすぐに人口の大多数を占めるようになるだろう、超自然的な能力がこれほどまれにしか見られないという事実は、そうしたものが存在することへの強力な否定的論拠となるのだ。

＊　詳しくは、拙著『無限の話』〔松浦俊輔訳・青土社〕を参照。

＊＊　この議論を初めてしたのは、カリフォルニア在住の経済学者、マーク・レインガナムだ。もっと保守的な投資家向けの話にするなら、複利四パーセントの預金口座に二〇〇七年に投資した一ポンドの価値が、三〇〇七年には£1 × (1 + 0.04)^1000 = 10京8000兆ポンドに上がると考えればよい。とはいえ、そんなことになったら、その頃には、新聞の日曜版にそれだけの額を払わなければならないことになっているかもしれない〔金利の方を下げてこんな額の利息にならないようにするか、インフレによって実質の利率を下げるかになるということ〕。

38 お金についての考察

金銭の悪いところには、それで買うものよりも、それ自体に目が向いてしまうことがある。
E・M・フォースター〔イギリスの作家〕

小銭は遅れの元だ。値段が七九ペンス（七九セントでもいい）のものを買ったら、ぴったりその額になるような硬貨の組み合わせを探して財布の中をひっかきまわすことになる。それをせずに一ポンド（一ドルでもいい）を出せば、すぐにまたもっと細かいおつりを受け取って、今度小銭がいるときにさらに時間がかかることになる。ここでひとつ疑問がある。小銭を揃えるには、額面の違う硬貨をどういう組み合わせでもつのが最適なのだろうか。

イギリス（とヨーロッパ）では、組み合わせて一ポンド（あるいは一ユーロ）にするには、額面が、一、二、五、一〇、二〇、五〇の硬貨がある。アメリカでは、一、五、一〇、二五、五〇セント硬貨を使って、一ドルすなわち一〇〇セントを小銭で揃えられる。こうした通貨制度は、コンピュータ科学者が「欲張りアルゴリズム」〔貪欲法とも〕と呼ぶ簡単な法則に従えば、一〇〇までのどのような金額を揃えるのにも、硬貨の枚数が最小限ですむという、「お手軽な」な方式だ。この法則は、まずは額面が最も大きい硬貨をできるだけたくさん出し、額面が次に大きい硬貨を同じくたくさん出し……というふうにしていって、合計の金額にするというもので、ここからこの名前がついた。七六セントにしたいなら、五〇セント一枚、二五セント一枚、一セント一枚の計三枚を組み合わせるのがいちばん良い。イギリスでは、七六ペンスにしたいなら、五〇ペンス硬貨一枚、二〇ペンス硬貨一枚、五ペンス硬貨一枚、一ペニー硬貨一枚がいるので、最低四枚の硬貨が必要になる。選択できる額面の種類は多いのに、アメリカの制度よりも一枚多い。

私の学生時代最後の年は、イギリスが十進通貨制に移行した「D(デシマル)デイ」の一九七一年二月一五日があったことから、忘れがたいものになった。それ以前の£sd すなわちポンド、シリング、ペンスの旧制度では、独特な額面の硬貨がたくさんあった(歴史的な理由による)。一ポンドは二四〇旧ペニーで(ラテン語のデナリ〔古代ローマの銀貨の名前「デナリウス」の複数形〕により、ペニーはdと表示されていた〔ポンドのLはリブル、シリングのsはソリドゥスに由来する〕)、私が子どもの頃には、$\frac{1}{2}$d、1d、3d、6d、12d、24d、30dの額面の硬貨があり、ふつう、半ペニー、ペニー、三ペンス、六ペンス、シリング、フロリン、半クラウンと呼ばれていた。この通貨制度には、欲張りアルゴリズムに従って最も効率よく小銭を揃えられる「お手軽」な性質がない。四八ペンス(四シリング)にしたいなら、アルゴリズムに従えば、半クラウン(30d)一枚、シリング(12d)一枚、六ペンス(6d)一枚の全部で三枚の硬貨を使うことになる。だが、フロリン(24d)二枚を使えばもっと効率がいい。かつては、グロートと呼ばれる四ペンス硬貨があり、小銭を揃えるのに二四ペンス硬貨と同じ役割を果たしていた。欲張りアルゴリズムでなら、八ペンスにするには、六ペンス一枚と一ペニー二枚の三枚が必要だが、グロートを二枚使うだけで八ペンスになる。今の二ペンス硬貨よりも高額の硬貨(フロリン(24d)やグロート(4d))のいずれかを二倍すると、欲張りアルゴリズムより効率の良い状況になる。その倍額の硬貨がないからだ。こうしたことは、現在のアメリカやイギリスやユーロの貨幣方式では絶対に起こらない。

現在使われているあらゆる通貨制度では、硬貨の額面の組み合わせが、どこでも同じような切りのいい数、つまり一、二、五、一〇、二〇、五〇から選ばれている。だが、選ぶ対象としては、この集まりが最適と考えられるのだろうか。これらの数はわりと簡単に加えたり組み合わせたりできるが、できるだけ少ない数の硬貨を使って小銭を揃えるということになると、これらの数で最適だろうか。

数年前、カナダはオンタリオ州ウォータールー在住のジェフリー・シャリットが、アメリカの通貨制度において、一セントから一〇〇セントの間のあらゆる金額を、さまざまな種類の額面の硬貨を用いて揃えると、硬貨が平均して何枚必要になるかをコンピュータで調べた。実際の一セント、五セント、一〇セント、二五セントという額面の集まりを用いると、一セントから一〇〇セントの間のあらゆる額を揃えるのに必要な硬貨の平均枚数は四・七となった。一セント硬貨しかないとしたら、九九セントにするには九九枚の硬貨が必要で、一セントから一〇〇セントの間のあらゆる額を揃えるのに必要な数の平均値は四九・五になる。これがありうる最悪の値だ。一セント硬貨と一〇セント硬貨しかなければ、平均値は九になる。一セント、五セント、一〇セント、二五セント硬貨という、実際の組み合わせとは異なる四種類の硬貨の組み合わせを使って、平均値を低くすることができるだろうか。この問題もおもしろい。答えは「できる」で、今より平均値の低くなる硬貨の組み合わせには二種類ある。一セント、五セント、一八セント、二九セントの組み合わせか、一セント、五セント、一八セント、二五セントの組み合わせなら、一セントから一〇〇セントの間のあらゆる額を揃えるのに必要な硬貨の枚数の平均値はたった三・八九になる。最も良いのは、一セント、五セント、一八セント、二五セントの組み合わせにすることだ。これなら、現行の組み合わせからわずかな変更をひとつ加えればよいだけだからだ。一〇セント硬貨を新しい一八セント硬貨に置き換えればよい。

イギリスやユーロの通貨制度を同じように分析して、できる限り効率を良くするには新たにどのような硬貨を今の硬貨に加えればよいかを考えると、どうなるだろうか。この二つの制度には、現在、一、二、五、一〇、二〇、一〇〇、二〇〇を額面単位とする硬貨がある（イギリスでは現在、一ポンド硬貨と二ポンド硬貨があり、一ポンド紙幣はない）。二つの制度において、一から五〇〇（ペニーまたはユーロセント）の間のあらゆる額を揃えるのに必要な硬貨の枚数の平均値を出してみよう。それは四・六になる。しかし、額面が一三三か一三七のペンスまたはユーロセントの硬貨をひとつ加えれば、平均値は三・九二に下がることになる。

39 平均の法則を破る

嘘には三種類ある。嘘、真赤な嘘、それに統計だ。
ベンジャミン・ディズレーリ〔イギリスの政治家〕

35章で見た風力発電の話には、統計にまつわる興味深い微妙な点が隠れている。そのことを知っておくとよいだろう。誰もが、嘘には三種類あることを知っている。ディズレーリが忠告しているように、嘘、真赤な嘘、統計の三つがそうだ。しかし、用心すべきことがあると知っておくだけでは、どこに危険が潜んでいるのかまではわからない。風力の場合、あやしい統計の使い方で、どうやってだまされてしまうかを見てみよう。風から得られる力は、風速の三乗、V^3に比例することがわかっている。空気の密度のように関係はするが変化しないその他の量を書かないですませるために、単位時間あたりの発電量は風速の三乗に等しいと言うことにしよう。つまり$P=V^3$とする。簡素化するために、一年間の平均風速を秒速五メートルと想定すると、一年間の発電量は$5^3 \times 1$年で一二五単位となる。

実際には、平均風速は、ふだんの風速とは違う。ごく単純な変動があるとしてみよう。年間日数の半分は風速がゼロで、残りの半分の日数では秒速一〇メートルだとしてみる。一年間の平均風速は、それでもなお、秒速$\frac{1}{2} \times 10 = 5$メートルだ。しかし、この場合の発電量はどれだけになるだろうか。一年の半分の間は、風速がゼロだから、発電量もゼロになるはずだ。残りの半分の期間は、$\frac{1}{2} \times 10^3 = 500$

と平均風速だけで計算したときよりもずっと大きくなる。平均より速い風速の日の分で、まったく風のなかった日の分の発電出力を大幅に補っているのだ。現実には、一年間の風速の分布はここで用いた単純な例よりもずっと複雑だが、いずれにせよ、風速が平均以上の時には、風速が平均以下の時の発電量の損失をはるかに上回る量が発電されるという性質はある。この状況は、ことわざのように「平均の法則（世の習い）」と呼びならわされている状況に反している。実は、この法則は一般的な法則でも何でもなく、ばらつきがあってもまとめて見れば均一になる、つまり、長期的には、平均的なふるまいの上下に、同じくらいの程度のプラスとマイナスができるという、多くの人々が抱いている直観にすぎない。これが当てはまるのは、特別な対称的なパターンが見られるような、統計学に支配されるランダムなばらつきだけだ。風力発電の問題にはこれは当てはまらず、平均値以上の風速は、平均以下の風速よりもはるかに大きな効果をもつ。ミスター平均値や、ミズ平均値にはご用心。

40 ものごとはどれくらい長もちするか

統計はビキニのようなものだ。見えるところからはいろいろ連想されるが、肝心なのは隠れているものの方だ。

アーロン・レーベンスタイン〔アメリカの経営学者〕

統計は強力な道具だ。元手もなしに何かを語るように見える。一つか二つの選挙区での早い時期での投票者の意向というわずかなサンプルにもとづいて、選挙結果を予測したりしている。素人の目には、統計は、ほとんど証拠のないところから結論を引き出せるように映る。この魔法みたいな技の中で私が気に入っている例に、未来の予測についての統計がある。ある一定の期間、存在している制度や伝統があるなら、それがこの先どれくらい長く存続すると予想できるだろうか。中心にある考え方はかなり単純だ。何かをランダムな瞬間に見るとすると、その存続期間全体のうち中央の九五パーセントの間にそれが目に入る確率が九五パーセントあることになる。時間が一単位に相当する場合の時間の長さを考えてみて、その中間にある間隔 0.95 を取り出し、長さ 0.025 の間隔が最初と最後にくるようにする。

0 ← 0.025 → A ← 0.95 → B ← 0.025 → 1

A の地点で観察するなら、未来は全体のうち 0.95 + 0.025 = 0.975 の時間を占め、過去は 0.025 相当分を占める。よって、未来は、過去より975/25 = 39倍も長い。同様にBの地点で観察するなら、未来は、過去のほんの何分の一、すなわち1/39にすぎない。

歴史における何か、たとえば万里の長城やケンブリッジ大学の存在などを観察するとき、その最初か最後のどちらかに近いところにいるはずだと考えられる理由は特にない。そのことから、歴史上の特別な時点で観察しているのではないと想定すれば、九五パーセント程度の確信をもって、それが存続する長さの期待値を予測できる。* 先ほどの図から、知りたい数値がわかる。ある制度がY年存在していて、それを歴史上のランダムな時点で観察しているとすると、その制度が今後少なくともY/39年は存続するが、39×Y年より長くは続かないことを、九五パーセントの確率で確信できる。[10] 二〇〇八年の時点で、ケンブリッジ大学は八〇〇年間存続している。この式から、この時点を超えて将来的には、だいたい最短800/39 = 20.5年間から最長800 × 39 = 31,200年続く確率が九五パーセントあると予測される。アメリカ合衆国は、一七七六年に独立国家と宣言された。アメリカは、あと五・七年以上、八七三六年未満の間存続する確率が九五パーセントある。人類は約二五万年存続しているので、あと六四一〇年から九七五万年生き延びる確率が九五パーセントある。この宇宙は、一三七億年にわたって膨張している。これだけの間、存続しているとすると、今後三億五一〇〇万年以上五三四三億年未満存在しつづける確率が九五パーセントある。

もっと短い期間だけ存在しているもので試してみよう。私の家は築後三九年なので、来年中には何らかのランダムに起こる災害で倒壊しないと九五パーセントは確信していられるが、一五二一年ももったら九五パーセントの確率で私は（あるいは他の誰かが）びっくりするはずだ。サッカーチームのマネージャーから事業、国、政党、ファッション、ウェストエンドでの劇の上演期間にいたるまで、これを試すことができる。予測を立てるのもおもしろい。これを書いている時点では、二〇〇七年六月二七日からほぼ丸三か月にわたって、ゴードン・ブラウンがイギリスの首相を務めている。ブラウン首相は、昨日、首相として初めて労働党大会で演説したが、首相でいられるのは、最短この後二、三日か、最長$9\frac{3}{4}$年だと、九五パーセントの確信をもって本人に言うことができるだろう。この本が出版されるときには、この予測を検証することができるだろう〔二〇〇九年三月時点ではまだ在職中〕。

＊　この法則をありとあらゆることに当てはめてみたくなるだろうが、ひとつ忠告をしておくべきだろう。ものごとによっては、確率だけでは決定されない平均寿命がある（生化学のように）。この確率の法則が、変化の時間尺度をランダムでないプロセスが決定している状況に当てはめると、最長（あるいは最短）の予測存続期間についてまちがった結論に至る。この式からは、七八歳の人が今後二年から三〇四二年生きる確率が九五パーセントだということになる。しかし、この人がこれから五〇年以上生きる確率はたしかにゼロだと予測される。七八歳という年齢は、その人の人生におけるランダムな時点ではない。これは、この世に生まれた時点より、生物学的な終点にもっと近い。さらに詳しい説明については、http://arxiv.org/abs/0806.3538を参照。

41 五角形（ペンタゴン）より三角形（トライアングル）が好きな大統領

トライアングルを演奏するには、特別な能力はいらないように見える。
Wikipedia「トライアングル（楽器）」の項より

ジェイムズ・ガーフィールドはアメリカ合衆国第二〇代大統領だ。大統領に就任してわずか四か月後の一八八一年七月二日、たぶん連邦政府の職に就こうとしてかなわず不満を抱いた一般人に狙撃され、二か月後に死亡した。この大統領については、そういうこと以外、何も知らない人がほとんどだろう。奇妙なことに、その体に撃ち込まれ命を奪った弾丸は発見されなかった。電話を発明したアレクサンダー・グラハム・ベルが、弾丸を探し出すための金属探知器を発明するように依頼されたというのに。ベルはこの装置を作ることはできたが、あまり効果は発揮しなかった。それは主に、ホワイトハウスのガーフィールドのベッドに金属の枠があったからだとされている。当時、そういうことはまれで、そのために探知機がうまく作動しなかったとは、誰も思いもよらなかった。振り返ってみると、本当の死因は、不注意な治療によって肝臓に穴があいたことだった。こうしてガーフィールドは、暗殺された二人めの大統領で、就任期間が二番めに短い大統領となった。最期は残念だったが、数学に珍しい貢献をしたことによって、その名はささやかに生き続けている。

ガーフィールドはもともと、一八五六年にウィリアムズ・カレッジを卒業した後、数学の教師になるつもりでいた。しばらくは古典を教え、校長になろうとしてなれなかったが、愛国心と強い信念をもとに公職に立候補し、その三年後にオハイオ州上院議員に選ばれ、一八六〇年には弁護士の資格を得た。一八六一年に上院議員を辞して陸軍に入り、とんとん拍子に昇進して少将になり、二年後には軍隊を離れ下院議員になった。下院に一七年間とどまった後、一八八〇年に共和党大統領候補となり、全アメリカ国民の教育を改善するという公約を掲げて、民主党の候補者、ウィンフィールド・ハンコックを相手に一般選挙で僅差の勝利を収めた。ガーフィールドは、下院議員の次に大統領に選ばれた人物としては、今なお唯一の存在だ。

ガーフィールドがなした最も興味深い貢献は、政治とはまったく関係ない。下院議員を務めていた一八七六年、議員仲間と集まって視野の広いテーマについて話し合うことを好んでいた。ガーフィールドは、仲間たちを楽しませようと、直角三角形のピュタゴラスの定理の新たな証明をしてみせた。その後、この証明を『ニューイングランド・ジャーナル・オブ・エデュケーション』誌に発表し、その中で、「これについては、上院下院の議員らが、党の違いを超えて団結できるだろう」と述べた。

数学者たちは二千年以上にわたってこの定理を学生に教えていて、たいてい、紀元前三〇〇年あたりにアレクサンドリアで書かれた有名な著書『原論』にある、エウクレイデス〔ユークリッド〕が提示した証明に従っていた。エウクレイデスの証明が最初のものだったわけではない。バビロニア人や中国人もしっかりとした証明をしていたし、古代エジプト人もこの定理をよく知っていて、大胆な建築プロジェクトで利用してもいた。だが、ピュタゴラスの定理について何世紀にもわたり発見されたあらゆる証明のうち、ガーフィールドの証明は、最も簡潔で理解しやすいもののひとつなのだ。

直角三角形をひとつとり、三辺をa、b、cと名づける。この三角形と同じものをとり、平坦な台の上にVの字形の割れ目を描くように二つの三角形を並べて置く。ここで二つの三角形の頂点を結び、端を切り落とした長方形にする。これは台形と呼ばれる形だ。これは四辺形で、そのうちの二辺が図のように平行になっている。

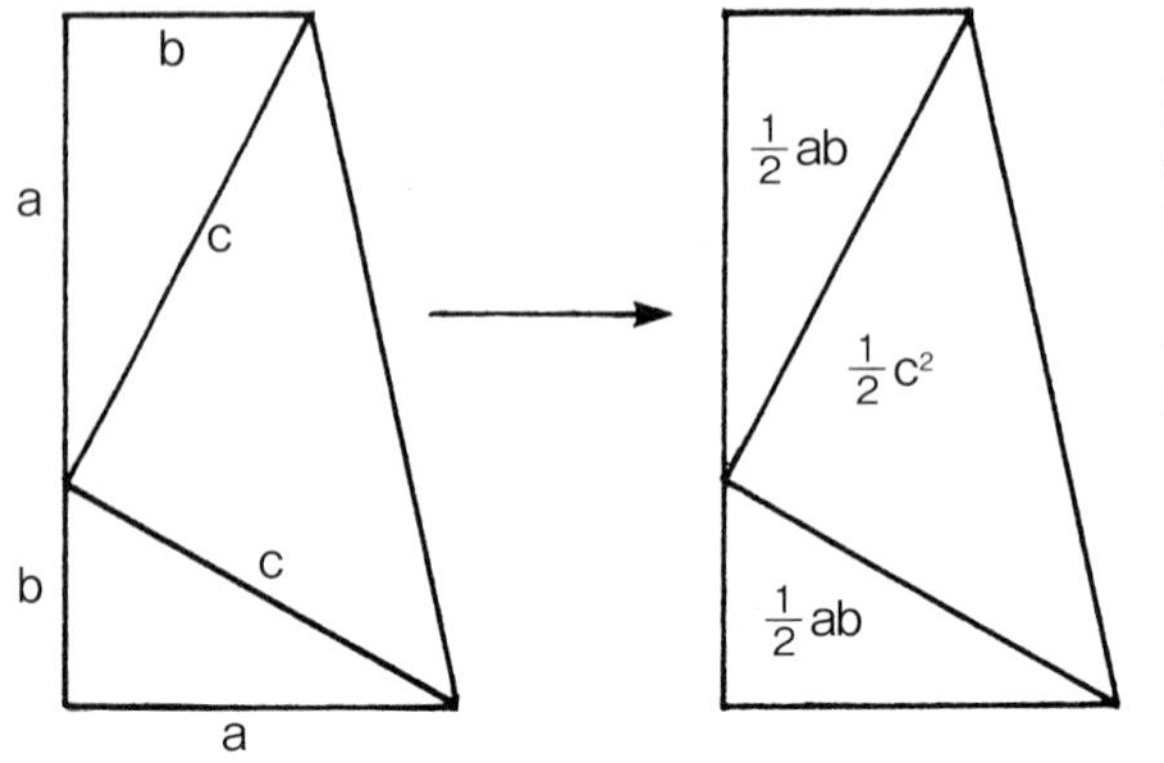

ガーフィールドの図形は、三つの三角形でできている。最初の三角形と、それと同じもの、合わせて二つと、それらの二つの頂点の間に線を引いてできた三番めの三角形だ。ガーフィールドはここで、台形の面積を二通りの方法で計算することを求める。まず、台形の面積は一般的に高さ$a+b$に横の長さの平均となる$1/2(a+b)$を掛けて求められるので、面積は$1/2(a+b)^2$になる。納得するには、台形の形を変えればよい。二つの横の長さを等しくして、長方形にするのだ。新しい横の長さは$1/2(a+b)$になる。

今度は別の方法で面積を求めよう。台形の面積はちょうど、それを構成する三つの直角三角形の面積の和になる。直角三角形の面積は、同じものの斜辺どうしを合わせてできる長方形の面積のちょうど半分なので、直角三角形の底辺に高さを掛けたものの半分となる。したがって、三つの三角形の面積を合わせると、図のように、$1/2ba + 1/2c^2 + 1/2ba = ba + 1/2c^2$となる。

全体の面積の二通りの計算の結果は同じになるはずなので、次のことが言える。

$$1/2(a + b)^2 = ba + 1/2c^2$$

すると、次のようになる。

$$1/2(a^2 + b^2 + 2ab) = ba + 1/2c^2$$

そうして2を掛けると

$$a^2 + b^2 = c^2$$

こうして、ピュタゴラスがそうなるはずだと言った通りになる。

アメリカ合衆国大統領選挙に将来出馬する人はみな、大統領選挙のテレビ討論でこの証明をするよう求められてしかるべきだろう。

42 ポケットの中の秘密のコード

この刻印のある者でなければ、買うことも売ることもできない。
ヨハネの黙示録〔新共同訳聖書による〕

暗号(コード)はスパイや秘密の呪文や戦争中の国々の話——かと言えば、実はそんなことはなくて、コードは身の回りのどこにでもある。クレジットカードにも小切手にも紙幣にも、さらにはこの本のカバーにもついている。コードは、スパイに簡単に読まれてしまわないように通信文を暗号化したり、オンラインの銀行口座に他人が侵入するのを防いだりといった従来からある役割を果たすこともあるが、それ以外にも使い道はある。データベースは、悪意ある侵入からだけでなく、うっかりミスによる破損からも守られないといけない。誰かがあなたのクレジットカードの番号をコンピュータに打ち込もうとして、ほんの一桁間違えたりしたら（よくあるのが、43を34にするように隣り合う数字を逆にしたり、889を899にするように同じ数字が続くところを間違ったりするもの）、その買い物の請求が他の誰かに行ってしまう。納税者番号や飛行機のチケットのコードやパスポート番号を間違って入力すると、その間違いが、電子の世界中に広がり、大混乱を招く。

商業界は、この問題に対処しようとして、こうした重要な番号がみずから正しいかどうかをチェックして、入力された数が、本物の飛行機のチケットや紙幣の通し番号として適しているかどうかをコンピュータに知らせる手段を開発してきた。これに似たさまざまな方策が、クレジットカードの番号の有効性を確認するために実施されている。たいていの企業では、一二桁から一六桁のクレジットカードの番号用に、IBMが開発したシステムを使っている。この手順を人の手でするのはちょっと大変だが、機械でならほんの瞬時に確認できる。間違いがあったりおそまつな偽造カードだったりして数字がテストに通らないと、そのカードの番号の入力は拒否される。

架空の「VISAカード」の番号を例にとろう。

4000 1234 5678 9314

まず、最初の数字から始めて、左から右へ、数字をひとつおきに（つまり奇数番の数字を）選び出し、それぞれを二倍して、8, 0, 2, 6, 10, 14, 18, 2にする。できた数が二桁の場合（10, 14, 18のように）、二つの桁の数を足して1, 5, 9とする。これは9を引くのと同じ結果になる。これで二倍にした数のリストは、8, 0, 2, 6, 1, 5, 9, 2になる。ここでこれらの数をすべて足し、最初に選ばなかった間の数（つまり偶数位置にある数）0, 0, 2, 4, 6, 8, 3, 4も足し合わせる。すると、順番通りに足していくと、次のような合計になる。

$$8+0+0+0+2+2+6+4+1+6+5+8+9+3+2+4=60$$

クレジットカードの番号が有効であるには、この数字が10で割り切れなければならない。この場合はそうなっている。ところがカードの番号が4000 1234 5678 9010だとすると、同じような計算をすると53という数になり（カードの数は、最後と最後から三桁目の二つしか違わないから全部計算することはない）、これは10では割り切れない。これと同じ手順で、たいていのクレジットカードの有効性が検証できる。

このチェックの仕組みで、たくさんの単純なタイプミスや読み取りの間違いを押さえられる。一桁だけの間違いなら全部、隣り合う数が逆になる間違いならほとんど発見できる（ただし90が09になったのは見落としてしまう）。

日頃出会っている（でもスーパーのレジ係でもなければまったく気づかない）チェック可能な数字のバーコードがもうひとつある。それは統一商品コード（ユニヴァーサル・プロダクト）（UPC）で、一九七三年に食糧雑貨を対象に初めて使われ、その後、店にあるほとんどの商品につけられるまでに広がっている。一二桁の数が何本もの線で表されていて、レーザースキャナーで簡単に読み取れる。UPCは四つの部分からできている。バーの下に、二つに分かれた五桁の数字の配列があり、その両脇に一桁の数字がある。たとえば、今、私の机の上にあるデジタルカメラには、こういうコードがついている。

0 74101 40140 0

最初の数字は、それがついている製品の種類を示す。0、1、6、7の数字は、あらゆる種類の製品に用いられる。2は、チーズや果物や野菜のような重量単位で売られるものだけに使われ、3は、薬品や健康関連の製品に使われ、4は、値下げ対象の商品や、店のポイントカードが利用できる商品に使われ、5は、「値引き」のクーポンや同様の特典の対象となる商品に使われる。次の五桁の部分は製造者を示し――私のカメラは富士製だ――次の五桁は、サイズや色など価格以外の特徴で製品を特定するために製造者によって使われる。最後の数字――ここでは0――は、チェック用に使われる。この数字は印刷されていない場合もあるが、バーの中にはきちんと表示されていて、コードリーダーが読み取って、そのUPCコードを受け入れるか拒否するかできるようになっている。奇数番の数字を足して（0+4+0+4+1+0＝9）、それに三を掛け（3×9＝27）、その結果に偶数番の数字を足し（27+7+1+1+0+4+0＝40＝4×10）、それが10で割り切れるのを確認できれば、UPCコードとなる。この場合、確かに割り切れる。

あとはバーが残っている。両端の一桁の数字（二つのゼロ）の内側にある空間全体が七つの区域に分けられ、いろいろな太さの黒インクの線がある。そのパターンは、線が表す数字によって決まり、白い帯と黒い帯が交互になっている。どのようなUPCコードでも、両端には、太さの同じ平行な「ガードバー」が二本あり、その内側にある線や空間の太さと間隔の尺度が定められている。これとよく似た四本一組のバーが中央にあり、そのうちの二本が他のバーよりも下に伸びていることもある。これは、製造者のIDと商品の情報を分けるもので、その他の情報はもっていない。バーの位置や太さによって、0と1からなる二進コードができる。二進数の奇数は、製造者の詳細をコード化するのに使われ、偶数は、商品情報に使われる。このおかげで、両者を混同するのが避けられ、スキャナーで右から左でも、左から右にでも読み取っても、つねにどちらのまとまりを読んでいるのかがわかるようになっている。案外単純なものでしょう？

43 名前が全然おぼえられない

「t」は発音しないのよ。ハーロウのときと同じ。
マーゴウ（Margot）・アスキス〔イギリス首相アスキスの妻〕、
ジーン・ハーロウ〔アメリカの女優〕に名前を間違って
発音されたときの返答〔ハーロウ＝Harlowにはtはない〕

電話中に誰かの名前を書き留めないといけない経験があれば、自信をもって綴れるかどうかが案外難しいことはご存じだろう。ふつう、不確かに思うと、相手に名前の綴りを一文字ずつ言ってくれるように頼む。私の博士論文の指導教授だったデニス・シアーマ（Sciama）が、その珍しい苗字のために、先生のことを知らない電話の相手に、苗字の綴りを一文字ずつ教えることに仕事時間のかなりの部分をとられていたのが思い出される。

口頭で伝えられたり書かれたりしたメッセージを復唱できなかったり、そもそも間違って書かれているような場合があるが、その人の名前を書類の中から探そうとして、正しい名前を見逃す可能性はできるだけ少なくしたいだろう。この問題を改善するために今も使われている最も古い方法は、サウンデックス音声法と呼ばれるもので、一九一八年頃に、二人のアメリカ人、ロバート・ラッセルとマーガレット・オーデルによって考案された。ただしそれ以降、細かい修正が多数施されている。この方法はもともと、口頭で集められた国勢調査のデータの整合性を高めるために作られ、その後は航空機会社や警察やチケット予約システムで使われてきた。

ここで用いられている考え方は、名前をコード化して、Smith と Smyth とか、Ericson と Erickson とか、発音すると同じように聞こえる単純な綴りの変形が同一のものとしてコードされ、あるグループに入るものをひとつ入力すると、残りの変形も一度に表示され、書類にある名前を見逃さずにすむというものだ。親戚や先祖を探している人、それも特に、少し手が加えられているかもしれない外国の名前をもった移民の場合には、このコード化が役に立つだろう。これだと、本来はひとつずつ探さないといけないようなよく似た多数の変形を自動的に探せるし、思いつかなかったような変形も見つかる。名前をどのようにコード化するかを説明しよう。

1　名前の最初の文字は、それが何であれ残しておく。

2　最初の文字以外は、*a*、*b*、*i*、*o*、*u*、*h*、*y*、*w*があればすべて消す。

3　最初の文字以外の残った文字に、次のように番号をつける。

b、*f*、*p*、*v*はすべて1

c、*g*、*j*、*k*、*q*、*s*、*x*、*z*はすべて2

*d*と*t*はいずれも3、*l*は4

*m*と*n*は5、*r*は6

4　もとの名前の中で、同じ数字になる文字が二つ以上並んでいたら、そのうちの最初の文字だけを残す。

5　最後に、残ったもののうち最初の四つの文字または数字だけを記す。文字数が四つより少なければ、最後にゼロを足して、文字数を四にする。

私の名前はJohnなので、この手順に従えば、まずJnとなり（1と2による）、それからJ5となり（3による）、最後に記されるのはJ500となる。名前がJonの人だったとしても、同じ結果になる。SmithとSmythはいずれもS530になる。EricsonやErickson、Eriksen、Eriksonはどれも、同じE6225と記される。

44 微積分で長生きできる

私は、数学の教師として、数学が人生と結びつくことを学生たちにわからせるのがどれほど大切かわかっている。死体防腐保存法のおかげで、そのための新しく独特な方法が見えてきた。結局、人生において、死ほど普遍的なものはないのではないだろうか。学生たちは、ひとたび腐敗の速さや防腐処理理論について学ぶと、改まった厳しい面持ちで、微積分の勉強に積極的に戻ろうとするらしい。

スウィーニー・トッドマン教授、棺数学者

アマチュアとプロフェッショナルの違いは、アマチュアなら好きなことだけを自由に勉強できるが、プロフェッショナルは、好きではないことも勉強しなければいけないところだ。したがって、数学の教育内容には、学生にとっては面倒に思える部分も含まれている。冬の寒さや雨のなか何時間も走るのが、やる気のあるオリンピック選手にとっても、魅力的ではない――でも欠かせない――練習であるのと同じように。微積分のこの上なく複雑で退屈な部分をどうして学ばないといけないのかと学生から質問されると、いつもある話をすることにしていた。ロシア人物理学者のジョージ・ガモフが突拍子もない自伝『わが世界線』〔鎮目恭夫訳・白揚社〕で紹介していた話で、ガモフの友人の、イゴール・タムというウラジオストック出身の若い物理学者が体験した、驚くべきできごとについてのものだ。タムはその後、「チェレンコフ効果」と呼ばれるものを発見し解釈した功績により、一九五八年に共同でノーベル物理学賞を受賞した。

ロシア革命の頃、タムはまだ若く、ウクライナのオデッサ大学で物理を教えていた。都市では食料が不足していたので、タムは、社会主義者の支配下にあると思われる近くの村に行き、銀のスプーン何本かを、鶏か何か食べられるものに交換してもらおうとした。突然、その村が、ライフルと爆薬で武装した反社会主義の盗賊の頭と手下たちに占拠された。盗賊たちが都会風の服を着たタムを怪しく思い、頭のもとに連れて行ったところ、頭は、タムが何者で何の仕事をしているのかと問いただした。タムは、自分はただの大学教授で、食べ物を探していただけだと説明しようとした。

「何の教授なんだ」と頭は訊ねた。

「数学を教えています」とタムが答えた。

「数学だと？　わかった、それならマクローリン級数を第n項で打ち切ったときの誤差を求めてみろ。[11] それができたら、放してやる。できなかったら、銃で撃つぞ！」

タムはかなり驚いた。銃口をつきつけられ、多少は緊張したが、なんとか答えを導き出した。大学の数学課程での微積分の授業で最初に教えられる、厄介な問題だ。タムが解答を見せると、頭はそれをじっくりと読み、「正解だ！　帰れ！」と言った。

タムは、あの変わった盗賊の頭が何者だったのか、その後もまったくわからなかった。あの頭はおそらく、どこかの大学の品質保証担当者にでも納まったのだろう。

45　ばたばたする

遠い昔、二人の飛行家が自分の背中に翼をつけた。ダイダロスは中空を安全に飛び、滞りなく着陸した。イカロスは太陽の近くまで舞い上がり、翼を固めたろうが溶け、飛行は失敗に終わった。古典の専門家はもちろん、イカロスは「曲芸」をしていただけだと説明するが、私の好みには、こう考えるほうが合っている。イカロスは、当時の飛行装置が抱えていた構造上の重大な欠陥を明るみに出した人物なのだ。

アーサー・S・エディントン〔イギリスの天文学者〕

たくさんのものが、ばたばたばたばちゃばちゃして動き回っている。鳥や蝶は羽を使い、鯨や鮫は尾を使い、魚はひれを使う。これらすべての動作には、動きやすさや効率を決定する三つの重要な因子が働いている。第一が大きさだ。大きな生き物は力が強く、他より大きな翼やひれがあり、その分大きな嵩（かさ）の空気や水に作用する。第二が速さだ。生き物が飛んだり泳いだりする速さから、その周囲を満たす媒体や、その媒体中で作用して生き物の動きを遅くする抵抗力との関係がわかる。第三が、翼やひれをばたばたする速さだ。鳥や魚のあらゆる動きを一挙にとらえることのできる共通の因子はあるだろうか。

おそらくお察しのように、そういう因子は存在する。科学者や数学者が、飛んだり泳いだりするような、細かいところには違いがあるが基本的にはよく似ている多様な現象の例に出会うと、無名数となる量を評価して、さまざまな例を分類しようとすることが多い。つまり、その量には、質量や速さ（単位時間あたりの長さ）にあるような形での単位はない。そのために、量の測定に使われる単位が変わっても、値は決して変わらない。だから、移動した距離の数値が、単位をメートルからマイルに変えたために10,000から$6\frac{1}{4}$に変わっても、二つの距離の比——移動した距離を歩幅で割ったものなど——は、距離と歩幅を同じ単位で測定していれば変わらない。なぜなら、その距離を移動するのに必要なのは、歩数だけなのだから。

水や空気をたたく場合、三つの重要な因子——単位時間あたりのばたばた率f、ばたばたする幅L、移動の速さV——を結びつけ、無名数の量を得る方法がひとつある。* その組み合わせはfL/Vで、「ストルーハル数」と呼ばれている。この名称は、プラハのカレル大学出身のチェコ人物理学者、ヴィンセンツ・ストルーハル（一八五〇—一九二二）に由来する。

二〇〇三年、オックスフォード大学のグレアム・テイラー、ロバート・ナッズ、エードリアン・トーマスが、このストルーハス数、$St = \frac{fL}{V}$ の値を、泳いだり飛んだりする多様な動物がゆったりとした速さで進む場合（獲物を追いかけるとか捕食者から逃れて一瞬だけ素早く動く場合ではなく）で評価したところ、値がかなり狭い範囲に収まることがわかった。それは、これらの動物が、それぞれに大きく異なる進化の歴史をたどりながらも、今の姿に落ち着いたということで、この数はその印となっていると言えるだろう。多数の動物についての研究がされているが、表面上は多様に見えるにもかかわらず、このような一致が見られたことについて少々探ってみたい。そのために、多少の例を選んで見てみよう。

飛んでいる鳥の場合、fは一秒あたりの羽ばたきの頻度で、Lは二枚の羽ばたく翼の全長、Vは前方への飛行速度だ。標準的な長元坊（ちょうげんぼう）〔小型の鷹〕では、fは約五・六回／秒で、翼の大きさは約〇・三四メートル、前方への速度は秒速約八メートルとなり、St（長元坊）$= (5.6 \times 0.34)/8 = 0.24$となる。普通の蝙蝠（こうもり）なら、$V$＝六メートル／秒で、翼幅は〇・二六メートル、ばたばた率は八回／秒となり、ストルーハル数は、St（蝙蝠）＝$(8\times0.26)/6$ ＝ 0.35 となる。同じ計算を四二種の鳥や蝙蝠や飛ぶ昆虫で行ったところ、St の値がつねに〇・二から〇・四の範囲に収まった。研究の対象とされた海の生物についても、同じようなことがわかった。さらに、サンディエゴと、ペンシルヴァニア州ウェストチェスターで、ジム・ローアとフランク・フィッシュ（！）がさらに広範にわたる研究を行い、魚や鮫、海豚（いるか）、鯨についてこの量を調べた。多く（四四パーセント）が〇・二三から〇・二八の範囲に収まることがわかったが、全体の幅は、飛行する動物の値の幅と同じく、〇・二から〇・四の範囲だった。

　これを人間でも試すことができる。優秀な男性スイミングチームの平均的な選手なら一〇〇メートルを六〇秒で泳ぐので、$V = 5/3$メートル／秒となり、左右の腕それぞれが約五四回水をかき（ストロークの頻度は一秒あたり〇・九となる）、水中での腕の届く範囲は約〇・七メートルとなる。これで St（人間の水泳選手）＝$(0.9\times\frac{2}{3})/\frac{5}{3}$ ＝ 0.36 となり、思った以上に鳥や魚の値にかなり近い。しかし、世界で最も印象深い水泳選手と言えばおそらく、マラソンスイミングの世界選手権で七回優勝したオーストラリアの長距離スイマーの女性スター、シェリー・テイラー＝スミスだろう。この選手は、外海での七〇キロメートルを二〇時間以内で泳ぎ切った。平均ストローク回数は、一分あたり八八回だった。ストロークする実効サイズが一メートルとすると、テイラー＝スミスのストルーハル数は一・五というすばらしい値になり、人魚級の高いレベルに到達する。

＊　頻度fの単位は時間次元の単位の逆数 $\frac{1}{\text{時間}}$ で、大きさLの単位は長さ次元、速さVの単位は $\frac{\text{長さ}}{\text{時間}}$ なので、$\frac{fL}{V}$という組み合わせには単位はないことになる。これは、次元をもたない無名数だ。

46 数の尽きるとき

郵便番号を入力すれば、お近くの冗談グッズ店をご案内します
英国実用冗談グッズ店一覧（Practical Jokeshop UK）

人生はいたるところで番号によって定められているようだ。カードの個人識別番号や口座番号に暗証番号、表の施設や政府機関のものも、裏社会のものも、それぞれについて無数の受付番号をおぼえる必要がある。時折、番号が足りなくなるのではないかと心配になる。私たちを地理的に（だいたいのところを）示すとてもなじみのある番号のひとつに郵便番号がある。私の番号はCB3 9LNで、自宅の番地を合わせればもう十分に、私宛の郵便物はすべて正確に配達される。それでも私たちはいまだに、通りの名前や町名を念のために書き添えている。あるいは、そのほうが人間らしい感じがするから、そうしているのかもしれない。私の郵便番号は、イギリスでほぼ普遍的に用いられるパターンに従っている。それは、アルファベット四文字と二つの数字だ。文字と数字の位置は本当はあまり意味がない。ただし実際には、文字は地域内の仕分け配達センターを指してもいるので（CBはケンブリッジ）意味はある。だが、そういう細かいことは気にしないで——六つの記号からなる郵便番号が底をついたとしても郵便局はきっと気にしない——この形式の郵便番号には何通りあるかを考えてみよう。文字のための四つの桁（けた）それぞれについて、AからZまで二六の選択肢があり、数字の各桁については0から9までの一〇の選択肢がある。ひとつひとつ独立して選ぶとすると、現行のパターンに従ったそれぞれ異なる郵便番号の

総数は、26×26×10×10×26×26＝45,697,600、すなわちおよそ四六〇〇万に等しくなる。現在、イギリス国内の世帯数は約26,222,000、つまり二六〇〇万強と推定されていて、二〇二〇年には約二八五〇万にまで増加すると予測されている。つまり、今の比較的短い郵便番号でも世帯数を十分にまかなうことができ、必要とあれば各世帯の固有の識別名にすることもできる。

個人個人に固有の標識をつけたいなら、郵便番号方式では不十分だ。二〇〇六年のイギリスの人口は60,587,000、約六〇五〇万人と推定されていて、これは、郵便番号の数よりはるかに多い。個人の識別番号に最も近いものと言えば、国民保険番号になる。この番号は、いくつかの官庁によって個人を識別するために用いられている——国民保険番号をもとに各官庁のデータが統合されるかもしれないと、市民の自由を擁護する多くの団体が強く警戒している。国民保険番号は、NA 123456 Zというような、数字が六つと文字が三つのパターンになっている。先ほどと同じように、この方式では何通りの国民保険番号が作れるかを簡単に計算することができる。

26×26×10×10×10×10×10×10×26

これは実に大きな数だ。17,576,000,000——一七五億七六〇〇万。イギリスの人口よりもはるかに大きい（しかも二〇五〇年の予測人口、七五〇〇万人よりも多い）。実際、全世界の人口は現在でも六六億五〇〇〇万人でしかなく、二〇五〇年の予測人口でも九〇億という。だから、数字と文字はたっぷりあって十分に行き渡る。

47 お金を倍にしよう

投資価値は、上がることもあれば下がることもあります。

イギリスの消費者金融によるアドバイス

きょうびなら、「投資価値は下がることもあれば急降下することもあります」ということになっているだろう。そこで、安全策をとり、固定金利かゆるやかな変動金利のわかりやすい預金口座に現金を預けたいと思うとしてみよう。お金が二倍になるまでに、どれくらいかかるだろう。この世で確実なのは死と税金しかない（死ぬことに伴う税金もある）が、どちらも今は忘れて、お金が二倍になるのにかかる時間を知るための便利な法則を計算で出してみよう。

まずは、ごくわずかな年利rの（五パーセントの金利では$r = 0.05$）預金口座に金額Aを預けると、一年後には$A\times(1+r)$に、二年後には$A\times(1+r)^2$に、三年後には$A\times(1+r)^3$に、というように増えていく。たとえばn年後には、預金は$A\times(1+r)^n$という額になる。この額がもとの投資額の二倍、すなわち$2A$になるのは、$(1+r)^n=2$のときだ。この式の自然対数をとると、だいたい$\ln(2) = 0.69$となり、rが1よりかなり小さいとして（実際、たいていはそうだろう——イギリスでは今のところ、rはふつう0.05から0.06あたり）$\ln(1+r)$がrにほぼ等しくなる場合、投資額が二倍になるまでの年数は、単純な式$n = \frac{0.69}{r}$で求められる。〇・六九を〇・七に丸めて、rはRパーセントと考えて$R = 100r$とすると、次のような便利な法則になる。[12]

$$n = \frac{70}{R}$$

この式から、たとえば利率のRが七パーセントなら、お金が二倍になるには一〇年かかるが、利率が三・五パーセントに下がったら、二〇年かかることがわかる。

48　鏡に映った顔についての省察

次の瞬間、アリスは鏡を通り抜け、鏡の間軽やかに飛び降りていました。
ルイス・キャロル『鏡の国のアリス』

誰ひとりとして自分の顔を見たことがない――鏡に映った顔以外には。鏡の顔は正しい顔なのだろうか。簡単な実験をすれば答えがわかる。浴室の鏡が水蒸気で曇ってから、鏡に映った自分の顔を囲む円を描く。親指ともう一本の指を広げた幅で円の直径を測り、自分の顔の実際の大きさと比べてみる。鏡に映った顔はつねに、本物の顔の大きさのちょうど半分になる。鏡からどれだけ遠く離れても、鏡に映った顔は、つねに半分の大きさなのだ。

これは実に奇妙だ。人生のほぼ毎日、ひげをそったり髪をとかしたりするときに見る鏡の中の自分の姿に慣れすぎていて、本物と、知覚された本物との大きな違いに気づかなくなっている。そうした状況は、光学的な観点から見れば不思議でも何でもない。平面の鏡を見るとき、自分の顔の「バーチャル」な像はつねに、自分と鏡の間の距離と同じ分だけ、鏡の「後ろ」に結ばれる。だから、鏡はつねに、自分と自分のバーチャルな顔との中間点に置かれていることになる。もちろん、光が鏡を通り抜け、鏡の後ろに像を結ぶわけではなく、像はつねに鏡の位置にあるように見えるだけだ。平面の鏡に向かって歩けば、歩く速度の二倍の速さで自分の像がこちらに近づいてくるように見えることがわかる。

鏡に映る自分の姿について、次に奇妙な点が、利き手が反対になることだ。右手で歯ブラシを持つと、鏡の像では左手に持っているように見える。鏡の像では、左右は反転しているが、転倒はしていない。つまり、上下逆にはなっていない。手鏡に自分の姿を映してみて、鏡を時計回りに九〇度回転させても、自分の像はそのまま変わらない。

透明なシートに何かを書いたものを手に持つと、違うことが起こる。透明シートを自分のほうに向けて文字が読めるようにすると、鏡に映った文字は反転されていない。紙を自分のほうに向けて持っても、紙は不透明なので、紙に書かれたものは鏡には映らず、読めない。透明でない物の裏側は、たとえ自分がその物と向かい合って立っていても、鏡に映すと見ることができる。しかし、その物の表側を鏡で見るには、それを回転させる必要がある。垂直軸を中心にして回転させて、表側を鏡の方に向けると、右側と左側が反対になって見える。鏡に映った像が左右反転して見えるのは、こうやって物の位置を変えたからだ。読んでいる本のページを水平軸を中心にして回転させて、鏡の方に向けると、鏡には上下が逆に移って見える。それは、実際に上下が逆になったが、左右は反転していないからだ。鏡がないと、こういう効果は生じない。自分が見ている物の表側しか見えず、回転させた後では裏側しか見えないのでそういうことになる。本のページに書かれた文字が左右反転しているのは、垂直軸を中心に本を回転させて、文字のある面が鏡と向き合うようにしたからだ。文字は上下逆にはなっていないが、水平軸を中心にして本を下から上へと回転させたら、鏡の像も上下逆になるだろう。

話はこれで終わりではない。鏡が二枚あれば、もっとおもしろいことが起こる（手品師ならよく知っている）。二枚の鏡をLの字形になるように直角に置き、Lの角の部分を見る。鏡台の正面の鏡と、その

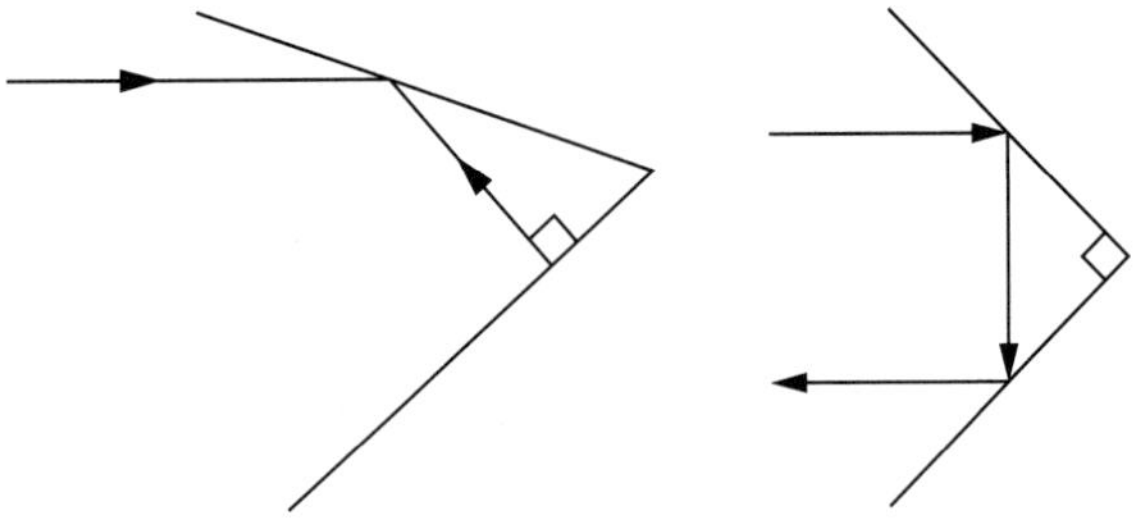

横についている角度が調節できる鏡を使えば、実際にやってみることができる。

この直角に合わせた二枚の鏡で、自分の姿や本のページを見てみると、鏡の像が左右反対にならないことがわかるだろう。歯ブラシも、実際に右手でもっているのなら、自分の右手にあるように見える。しかし、こういった仕組みの鏡をひげそりや髪をとかすときに使うと、少々混乱する。なぜなら、脳は自動的に、左右を切り替えて見ているからだ。二枚の鏡が作る角度を徐々に九〇度以下にしていくと、六〇度のところで変なことが起こる。鏡の像が、一枚の鏡を覗いたときと同じように見えるのだ。つまり、左右が反転して見える。

鏡が六〇度で合わさっていると、鏡に当たった光が往きとまったく同じ経路を通って戻ってきて、一枚の平面の鏡で見るのと同じ種類のバーチャルな像が結ばれるのだ。

49 最も悪名高き数学者

あの男は［ロンドンの］悪事の半分と迷宮入り事件のほとんどの黒幕だ。天才で、哲学者で、理論家だ。第一級の頭脳の持ち主でもある。

「最後の事件」でのシャーロック・ホームズのせりふ

大衆の間で最も有名な数学者が架空の人物だという時代があった——まだそうだという人もいるだろう。ジェームズ・モリアーティ教授は、アーサー・コナン・ドイルが『シャーロック・ホームズ』シリーズで描いた中でも記憶に残る脇役のひとりだ。「犯罪界のナポレオン」である教授はホームズの好敵手で、教授の仕掛けた大きなわなを逃れるためには、マイクロフト・ホームズ〔シャーロック・ホームズの兄〕の知恵を借りることまで必要だった。モリアーティ教授本人が登場するのは、「最後の事件」と「恐怖の谷」の二つの短編だけだが、舞台裏にはちょくちょく潜んでいる。たとえば、「赤毛同盟」の事件では、巧妙なぺてんを計画して、実際に登場する共犯者たちに実行させている。

モリアーティ教授の経歴については、ホームズの評から多少のことがわかっている。ホームズはこう語る。

教授は、名家に生まれ立派な教育を受け、生まれながらの驚異的な数学の天才だ。二一歳にして二項定理についての論文を書き、ヨーロッパで広く認められた。そのおかげでイギリスの大学で数学教授のポストを得た。どう見ても、前途洋々だった。

ところが、悪魔のような性質を受け継いでいたんだ。犯罪に走りやすい気質があり、それは改められるどころかいっそう増長され、非凡な頭脳によってこの上なく危険なものになっていた。大学周辺で教授についての不穏な噂がささやかれ、とうとう教授を辞めざるをえなくなってロンドンへと流れ着いた……。

ジェームズ・モリアーティ教授

後に書かれた「恐怖の谷」で、ホームズは、教授の学者としての経歴とその他の多くの才能をまた少し明らかにしている。最初は数学の級数についての問題に没頭していたが、二四年後には、天体力学の高度な研究に関わっていたらしい。

『小惑星の力学』という著書で有名な人物だよ。この本は純粋数学のきわめて高度なもので、科学界にはその本の書評ができる者などひとりもいないとまで言われている。

コナン・ドイルは作品の設定に現実のできごとや場所を注意深く盛り込んでいたので、モリアーティ教授のモデルとした実在の悪人が誰なのか、だいたい推測がつく。最も可能性が高いのがアダム・ワース（一八四四―一九〇二）という人物だ。ワースは、アメリカ育ちのドイツ人紳士で、大胆不敵かつ巧妙な犯罪を得意としていた。実際、当時ロンドン警視庁にいたロバート・アンダーソン刑事は、ワースを「犯罪界のナポレオン」と呼んでいた。最初は掏摸（すり）やけちな窃盗をしていたが、そのうちにニューヨークで泥棒組織を操るようになった。警察に捕まり投獄されたが、すぐさま脱走して元のように稼業を再開した。規模をどんどん拡大し、銀行強盗を実行したり、金庫破りのチャーリー・ブラードを、ホワイト・プレーンズ刑務所から、トンネルを使って脱走させたりした。さらには、一八六九年一一月、ブラードの協力を得て、ボストンにある商店から近くのボイルストン・ナショナル銀行の金庫室までトンネルを掘り、銀行強盗を働いたりもしている。この二人は、ピンカートン探偵事務所〔私立探偵ピンカートンが一八五〇年にシカゴに設立した米国初の探偵事務所〕の探偵たちから逃れるためにイギリスに逃亡し、イギリス国内や、一八七一年に移ったパリで、すぐにまた泥棒稼業に勤しんだ。ワースはロンドンに結構な土地をいくつか購入し、広範な犯罪網を作り上げ、泥棒の現場からはつねに少し距離を置くようにしていた。手下たちは、ワースの名前すら知らなかったが（ヘンリー・レイモンドという偽名がよく使われていた）、その手下として犯罪を実行するときには暴力を使ってはならないと強く言われていた。結局ワースは、服役中のブラードの面会に行ったときに逮捕され、ベルギーのルーベンで七年間の禁固刑に服すことになったが、服役態度が良く、一八九七年に釈放された。ワースはいつもの生活に戻る資金にするためにただちに宝石を盗み、さらにはシカゴにあるピンカートン探偵事務所を通して、「報奨金」二万五〇〇〇ドルと引き替えに、「デボンシャー公爵夫人」という肖像画を、ロンドンにあるアグニュー&サンズ・ギャラリーに返却する手配を整えた。ワースはその後ロンドンに戻り、家族とともに暮らし、一九〇二年に没した。墓は、ヘンリー・J・レイモンドの名義でハイゲート墓地にある。

実際のところワースは、ゲインズボロが描いた*デボンシャー公爵夫人ジョージアナ・スペンサー（すばらしい美女で、ダイアナ元皇太子妃の実家、スペンサー一族の一員だそうだ）のこの肖像画を、一八七六年にアグニュー・ギャラリーから盗み出し、それを売り飛ばさず、何年間も持ち歩いていたのだった。これが、ジェームズ・モリアーティ教授とアダム・ワースが同一人物だと立証する重要な鍵となっている。

「恐怖の谷」では、モリアーティ教授が、自宅で警察の尋問を受ける。部屋の壁には、「*La Jeune a l'agneau*」（娘が子羊を持っている）と題された絵画がかかっていた。このl'agneau（ラニョー）は、あの肖像画が盗まれたアグニュー（Agnew）・ギャラリーをもじった言葉だ。もっとも、それを盗んだのがワースだとは誰も証明できなかったが。しかし残念なことに、私の知る限りでは、ワースは、二項定理の論文も、小惑星の力学についての本も書いていない。

＊　この肖像画は現在、ワシントンD.C.にあるナショナル・ギャラリー・オブ・アートが所蔵していて、http://commons.wikimedia.org/wiki/File: Thomas_Gainsboroguh_Georgiana_Duchess_of_Devonshire_1783.jpg にてオンラインで見られる。

50 ジェットコースターと高速道路のジャンクション

上がったら降りなければならない。

出典不詳

宙返りコースターに乗ったことがあるだろうか。てっぺんまで登り、また落ちてきてくるりと輪（ループ）を描く、あのタイプのものだ。あの曲線の経路は円弧を描いているとお思いかもしれないが、実際には、ほぼ絶対にちがう。なぜなら、乗客がコースターから振り落とされないように（あるいは少なくとも、安全ベルトがなければ落ちてしまう事態を避けるために）十分な速さで頂点に達するとしたら、いちばん下の地点に戻るときに乗客が体験する最大のGの力が恐ろしく大きくなるからだ。

ループが半径rの円形で、定員一杯の乗客が乗ったコースターの質量がmのとき、どうなるか見てみよう。コースターは、地上の高さh（rより値が大きい）からゆっくりと出発し、ループの最下点まで急降下する。コースターの動きにかかる摩擦や空気抵抗の効果を無視すれば、ループの最下点（ボトム）に着くときは$V_b = \sqrt{2gh}$の速さとなる。それからループの頂点（トップ）に向かって登っていく。頂点に速度V_tで到着するとすれば、重力を克服してループの頂点までの垂直の高さ$2r$を登ったうえで、頂点に速度V_tで到達するには、$2mgr + 1/2mV_t^2$に等しい量のエネルギーを必要とする。運動によって総エネルギーが新たに生まれたりなくなったりはできないため、次のようになるはずだ（コースターの質量mは、すべての項にあるので約せる)。

$$gh = 1/2\ V_b^2 = 2gr + 1/2\ V_t^2$$

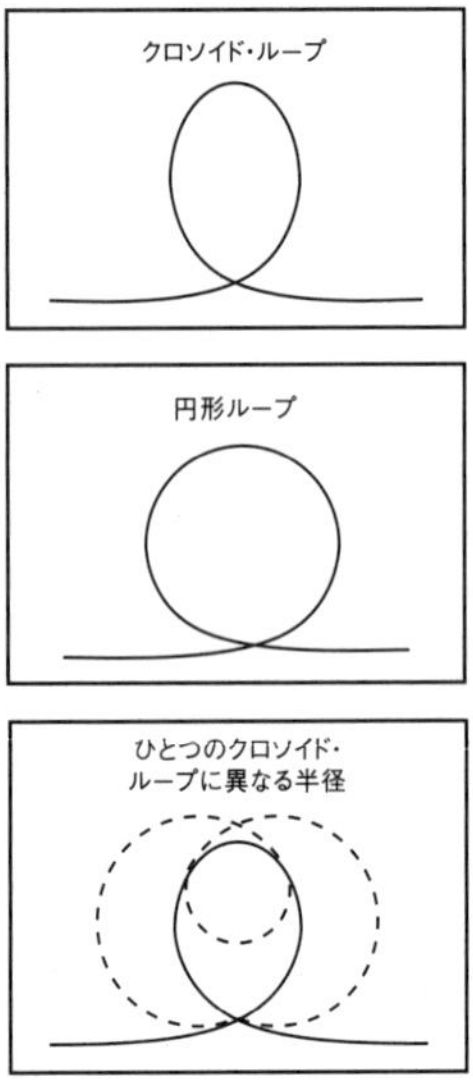

円形ループの頂点で、乗客を押し上げ、コースターから落ちないように押しとどめる正味の力は、半径rの円を上方に進む動きから、体重が下に引っ張られる分を引いた力になる。したがって、乗客の質量がMなら、次のようになる。

頂点において上方へ向かう正味の力 = $M V_t^2/r - Mg$

乗客が落ちないようにするためには、この値は正の数でなくてはならず、それなら $V_t^2 > gr$ になるはずだ。

右の頁にある方程式をもう一度見ると、$h > 2.5r$ でなくてはならないことがわかる。だから、重力だけに引っぱられて出発点から転がり落ちるとすると、シートから放り出されないだけの十分な速度で頂点に到達するには、ループの頂点より少なくとも二・五倍は高い地点から出発する必要がある。だが、ここには大きな問題がある。もしもそれだけ高いところから出発すると、ループの最下点に到着したときの速度が $V_b = \sqrt{(2gh)}$ になり、$\sqrt{2g(2.5r)} = \sqrt{5gr}$ よりも速くなる。最下点で円弧に沿って上がろうとすると、体重に外向きの円運動の力を足したものと等しい下向きの力を感じることになる。この力は次の値に等しい。

$$最下点での正味の下向きの力 = Mg + MV_b^2/r > Mg + 5Mg$$

したがって、最下点で乗客にかかる正味の下向きの力は、体重の六倍を超える（六Gの加速度）。たいていの乗客は、耐Gスーツを着用した非番の宇宙飛行士や優秀なパイロットでない限り、こんな力がかかったら失神するだろう。脳に酸素が一切供給されなくなる。一般的に、子ども向けの遊園地の乗り物は加速度を二G以下に抑えるようになっていて、大人向けの乗り物は最高四Gまでになっている。

このモデルからすると、円形のジェットコースターに乗るのは実際には無理なように思われるが、二つの制限——振り落とされないくらいの十分な上向きの力がかかるが、最下点で命にかかわるほどの下向きの力がかかるのは避ける——を注意深く検討すれば、両方の制限を満足できるようにジェットコースターの形を変える方法は得られるのだろうか。

半径Rの円を速度Vで動いたら、外向きの加速度 V^2/R を感じる。円の半径が大きく、したがって曲線がゆるやかなほど、感じる加速度は小さくなる。ジェットコースター上では、頂点での加速度 V_t^2/r は、下向きに作用する体重Mgより大きいことで私たちが振り落とされるのが避けられている。だから、加速度は大きいほうがよく、そうすると頂点でのrの値は小さくするのがよい。一方で、最下点にいるときには円形の力はそれに加えて五Gの加速度を生み出しているので、半径の値が大きいゆるやかな曲線の円を動いていれば、その加速度を減らすことができる。これを実現するには、ジェットコースターの縦の長さを横幅よりも大きくすればよい。そうすると、異なる円の部分を二つつなげたように見える。上半分にくる円の部分の半径が、下半分にくる円の部分の半径よりも小さい。このような形になる曲線でよく使われているものが「クロソイド」と呼ばれるもので、この曲率は、曲線を進むにつれ、移動した距離に比例して小さくなる。一九七六年にドイツ人技師ヴェルナー・シュテンゲルが、カリフォルニアにあるシックス・フラッグス・マジック・マウンテンの「レボリューション」コースターにこの曲線を初めて採用した。

　クロソイドにはもうひとつ優れた特徴があり、そのために、複雑な高速道路のジャンクションの出口や、線路の設計に取り入れられている。自動車が曲線を描く高速道路の出口を走っている場合、ドライバーが一定の速度を保つ限り、ハンドルは一定の回転率で動かすだけでよい。曲線の形が違うものだと、ハンドルを動かす率や車の速度をずっと調整していないといけなくなる。

51 爆発の採寸

第三次世界大戦がどういう武器で戦われるのかはわかりませんが、第四次世界大戦ならわかります。石と棒きれでしょう。

アルベルト・アインシュタイン

一九四五年七月一六日、アメリカ合衆国、ニューメキシコ州ロスアラモスの三四〇キロメートル南にあるトリニティ実験場で行われた実験で、世界最初の原子爆弾が爆発した。これが、人類の歴史の分岐点となった。この爆弾を作り出したことで、人類は、全人類の生命を奪い、その後も長く続く有害な状態を生み出す力を手中にしたのだ。これに続いて、アメリカとソ連がさらに破壊力の大きい爆弾を作れる力を誇示しようとし、核爆弾をやっきになって製造する軍拡競争が始まった。こうした爆弾のうち戦争でこれまでに使われたのは二つだけだが、*大気中、地表、地下、水中で実験が行われた時期の生態学的および医学的な影響は、まだ残っている。

原子爆弾の爆発の様子は多数撮影されていて、爆発でできる独特な火の玉や空を覆う塵が、核戦争の帰結を象徴するものとなった。よく知られているきのこ雲が**できるのには、理由がある。非常に高温の密度の低いガスが、高圧の地表付近で——原子爆弾や核兵器は、爆風が全方向に最大の効果で広がるようにするために、ふつう上空で爆発させられる——大量に作られる。沸騰している湯の中に泡が出てくるように、ガスが密度の濃い空気をかき分けて上空へ向かって加速されて上昇すると、縁では下に向かって曲線を描く乱流渦ができ、その一方、上空へ伸びる柱の中央部では、塵や煙がさらに上空へと吸い上げられる。爆弾本体にあった物質は蒸発して数千万度まで熱せられ、多量のX線が生成される。X線は上空の原子や分子と衝突してそれらにエネルギーを与え、白い閃光を発する。その光が持続する時間は最初の爆発の規模によって決まる。柱の部分の先端は、上昇しながら、竜巻のように回転し、地上の物質を引き寄せて、きのこの「軸」の部分となり、これがどんどん大きくなる。大きくなるにつれて密度が低くなり、ついには上空の空気と同じ密度になる。この時点できのこ雲は上昇をやめ、横方向へ広がり、地上から吸い上げられたすべての物質が今度は地上に降り始め、放射性降下物が一面に広がる。

TNT爆弾や、核兵器以外の爆弾の普通の爆発は、純粋な化学的な爆発が始まるときの温度が原子爆弾の場合よりも低いため、かなり違った様相になる。爆発の後には、爆発したガスが入り乱れて混ざりあい、形の整った軸と傘をもったきのこ雲にはならない

大規模な爆発の形状や性質を研究した先駆者のひとりに、ケンブリッジ大学の優れた数学者、ジェフリー（・G・I）・テイラーがいる。テイラーは、一九四一年六月に、原子爆弾の爆発がもつと予測される性質について、機密の報告書を書いた。テイラーが人々の間で広く知られるようになったのは、アメリカの『ライフ』誌が一九四五年にニューメキシコ州で行われたトリニティ核実験の一連のコマ撮り写真を掲載してからのことだ。トリニティ実験や、その他のアメリカの原子爆弾の爆発で発生したエネルギーは、当時はまだ最高機密だったが、テイラーは、ほんの何行かの数式を計算すれば（つまり簡単な数学をかじったことのある人なら誰でも）、写真を見るだけで、爆発のエネルギーの近似値を出せることを示した。テイラーは、爆発後のどの時点でも、爆発の周縁部までの予測距離を算出することができた。その距

離は、おおむね二つのことだけで決まることがわかったからだ。その二つとは、爆発のエネルギーと、爆発が切り裂く周囲の空気の密度だ。その定まりかたは一本の式で表され、[13]だいたいこのようになる。

$$\text{爆弾のエネルギー} = \frac{\text{空気の密度} \times (\text{爆発の周縁部までの距離})^5}{(\text{起爆後の時間})^2}$$

発表された写真では、起爆からさまざまな時点での爆発の様子がとらえられ、それぞれの写真の横にはその時刻が印刷され、写真の下には距離の目盛がついていて大きさを測れるようになっていた。一枚めの写真から、テイラーは、起爆から〇・〇〇六秒後に、爆風の半径が約八〇メートルになったことがわかった。空気の密度は一立方メートルあたり一・二キログラムとわかっているので、先ほどの方程式から、放出されるエネルギーは約10^{14}ジュールになることがわかる。これは、ＴＮＴ火薬約二万五〇〇〇トンに相当する。ちなみに、二〇〇四年にスマトラ島沖で起こった地震では、ＴＮＴ火薬四億七五〇〇万トン分のエネルギーが放出された。

＊　広島に落とされた「リトルボーイ」は、六〇キログラムのウラン２３５を用いた核分裂爆弾で、ＴＮＴ火薬換算で一三キロトンに相当する爆風が発生し、約八万人が即死した。長崎に落とされた「ファットマン」は、六・四キログラムのプルトニウム２３９を用いた核分裂爆弾で、ＴＮＴ火薬二一キロトンに相当する爆風が発生し、約七万人が即死した。

＊＊　「きのこ雲」という名称が一般的になったのは一九五〇年代の初めだが、爆弾の塵が作る形状を最初に「きのこ」にたとえたのは、一九三七年の新聞の見出しで使われたものにまで遡る。

52　走らないで！　歩いてください

北欧人は簡単に見分けられます。散歩というゆったりとした技で厳密に求められているよりも、うんと速く歩くからです。

ベニドルム〔スペインの地中海沿岸のリゾート地〕の旅行案内書より

にぎやかな都会の大通りを歩くとき、周りの歩行者を見ると、少し急いで歩く人もいれば、たぶん年のせいか、身体が弱っているか、まったく実用的でない靴のせいかで、かなりゆっくり歩く人もわずかにはいるが、ほとんどがだいたい同じ速さで歩いている。歩いているときには、つねに一方の足のどこかが地面に接していて、地面をけるときには、その脚をまっすぐ伸ばす。実際、競歩のルールでは、この二つの特徴が歩くことの定義となっていて、これによって走ることと区別される。このルールを守れないと、注意が出され、最終的には失格になる。歩いていると、一歩進むごとに身体の重心がゆるやかな円弧を描いて動くため、腰が上下する。だから、歩く速さをv地面から腰までの脚の長さをLとすると、この円弧運動の中心点に向かって上方に動く、v^2/Lに等しい加速度が生み出される。加速度は、この値より大きくはならない。なぜなら重力gが身体を地面に押し下げているからだ（さもないと飛び上がってしまう）。つまり$g > \frac{v^2}{L}$なので、おおまかに考えると、通常の歩行での最高速度は約$\sqrt{(gL)}$となる。$g = 10\ \mathrm{ms}^{-2}$で、標準的な脚の長さが〇・九メートルなので、通常の歩行者の出す最高速度は秒速約三メートルになる。これはかなりよい推定値だ。それに背が高いほど、Lの値が大きくなり、速く歩くことになる。ただし、平方根があるために、普通の身長の人なら歩く速度にそう大きな違いは出ない。

この結果を別の角度から解釈するには、ある場所から別の場所へできるだけ速く行こうとしている人（あるいは人以外の二本脚の生き物）を見て、どの速度に達したら歩くのをやめ、走り出すのだろうかと問うてみればよい。その境目となる速度 $\sqrt{gL}$ は、地面との接触を断つ（競歩の選手は「リフティング」と言う）ことなく出せる最速の前進速度だ。地面との接触を断つようにすると、もっと速く進むことができる。速度の上限は約 $V=\sqrt{2gnS}\sim 9\mathrm{ms}^{-1}$ になる。$S\sim 0.3\mathrm{m}$ は、足が地面をけったときの伸びた脚と曲がった脚の長さの差で、$n\sim 10$ は、全速力に達するまでの歩数だ。

競歩の選手の歩く速さは秒速三メートルよりも速い。一九八八年にアメリカ人選手のティム・ルイスが出した一五〇〇メートルの世界記録は五分一三・五三秒、平均の速さは毎秒四・七八メートルだ。この競技はそう頻繁に開催されないので、世界選手権大会の二種目のうち、距離が短いほうの二〇キロのときの圧倒的な世界記録を見てみるとおもしろい。この記録は、二〇〇七年九月二九日、ロシア人選手のウラディミール・カナイキンが一時間一七分一六秒に縮めている。平均の速さは毎秒四・三メートルだった。こうした世界記録の速度は、推定値 $\sqrt{gL}$ を難なく超えている。競歩の選手は、普通の人たちが道を歩くスタイルよりももっと効率のよい歩き方をするからだ。重心を上下動させず、とてもしなやかな動きで腰を回し、歩幅を長くし、足の回転も上げる。この非常に効率のよい動きと、非常に高い体力があるために、選手たちは、長時間にわたって驚異的な速さを維持できる。五〇キロの方の世界記録保持者は、平均の速さが秒速三・八メートル以上で、マラソンの距離（四二・一九五キロ）なら三時間六分のタイムで歩くことになる。

53 読心術

すべての正の整数は、ラマヌジャンの友だちだ。
ジョン・E・リトルウッド〔イギリスの数学者〕

1から9の中から数を一つ思い浮かべよう。それに9を掛けてできた二桁の数の数字を足し合わせる。その答えから4を引くと、一桁の数になる。次はこの数を文字に変える。1ならAに、2はBに、3はCに、4はDに、5はEに、6はFに、以下同様に。今度はその文字で始まる名前の動物をひとつ思い浮かべる。できるだけ強く念じ、はっきりと頭の中に思い描く。この本の巻末にある註14を読めば、私があなたの心を読んで、あなたの頭にあった動物を当てたことがわかるだろう。

これはとても簡単なトリックなので、選んだ動物をどうしてこんなに高い成功率で当てられるのか、その事情はわかるはずだ。数の簡単な性質を利用しているという点では数学も多少関係しているが、それに加えて、心理学的――さらには動物学的――な要素も入っている。

おおまかには同じような種類に入るが、数字の性質だけに関係する別のトリックもある。これには1089という数が使われる。すでにお気に入りの数のリストに入っている人がいてもおかしくはない。この年には、イングランド全土が地震に襲われた。そのうえ、完全平方（33×33）でもある。だが、最も驚くべき性質は次のようなところだ。

三桁の数で、それぞれの数字がすべて異なるもの（153のように）を何かひとつ選ぶ。三桁の順番を逆にして、二つめの数字にする（351になる）。次は、二つの数の大きい方から小さい方を引く（351－153＝198。答えの数が23のように二桁になれば、前に0をつけて023とする）。今度はこの数に、この数を逆にした数を足す（198＋891＝1089）。最初に選んだ数が何であっても、この一連の作業をすると、最後にはなんと1089になるのだ。[15]

54　詐欺師の惑星

何人かの人をときどき騙すことはできるし、何人かの人を必ず騙すこともできるが、すべての人を必ず騙すことはできない。

エイブラハム・リンカーン〔アメリカの政治家〕

人間の直観のうち、何世代にもわたる社会的な交流を通じて磨かれてきたものに、信頼がある。信頼は、誰かが真実を言っている可能性がどれくらいあるかを推定する能力のもとに築かれる。そうでない理由が見つかるまでは人は正直だと想定するか、そうでない理由が見つかるまでは人は不正直だと想定するか。いずれの姿勢をとるかは、置かれた環境によって鮮明に異なる。さまざまな国の役所の制度を見ると、その区別がわかる。イギリスの役所は、人を正直と仮定する前提によっているが、その反対の仮定が基本となっていて、規則や法律が不正直を前提に作られている国もいくつかある。保険金の請求をすれば、その保険会社が顧客とのやりとりでどちらの姿勢をとっているかがわかるだろう。

宇宙を探検して、土星の衛星ヤヌスにあった奇妙な世界で文明人と交信したと考えよう。長期間にわたって先方の政治や商業でのふるまいを観察したところ、この人たちは、平均すると1/4の場面で真実を言い、3/4の場面では嘘を言うことがわかった。この不安な値にもかかわらず、われわれは訪問にふみきり、与党の党首に歓迎され、大仰な善意の挨拶で迎えられた。引き続いて野党の党首が立ち上がり、与党の党首の発言は真実だと言った。与党党首の発言がたしかに真実である可能性は、どれだけあるだろう。

野党の党首が与党党首の発言は真実だと言ったことを考慮に入れて、与党党首の発言が真実である確率を知りたい。それは、与党党首の発言が真実で野党党首の発言もまた真実である確率を、野党党首の発言が真実である確率で割ったものになる。まずは、最初の確率——二人とも真実を言っている確率は、$\frac{1}{4}\times\frac{1}{4}=\frac{1}{16}$になる。野党党首が真実を言っている確率は、二つの確率を足したものになる。つまり、与党党首が真実を言い野党党首も真実を言った確率、すなわち$\frac{1}{4}\times\frac{1}{4}=\frac{1}{16}$と、与党党首が嘘をつき野党党首も嘘をついた確率、すなわち$\frac{3}{4}\times\frac{3}{4}=\frac{9}{16}$の二つだ。したがって、与党党首の発言が本当に真実である確率[16]は、$\frac{1}{16}\div\frac{10}{16}$、すなわち$\frac{1}{10}$になる。

55　宝くじを当てよう

宝くじは税金だ。世の中すべての愚か者に課せられた税金。ありがたいことに、金は簡単に集まり、騙される者には事欠かない。

ヘンリー・フィールディング
〔戯曲『ロッタリー（宝くじ）』より〕

イギリスの国営宝くじの仕組みは簡単だ。一ポンド払って券を買い、1、2、3……48、49のリストから六つの異なる数を選ぶ。数の書かれた49個のボールからランダムにボールを選ぶ装置があり、この装置が選んだ六つのボールにある数と、券に書かれた数のうち三つ以上が一致すると、賞金を獲得する。いったん選ばれたボールは装置には戻されない。一致する数が多いほど、賞金の額が大きくなる。六つの数全部が一致すれば大当たりで、同じく六つの数全部が一致した人たちと賞金を分け合う。六つのボールが抽選で選ばれた後、さらに「ボーナスボール」と呼ばれる一個が選ばれる。これに与(あずか)れるのは、すでに選ばれた六つの数のうち五つと一致した人だけだ。ボーナスボールの数とも一致すれば、五つの数だけに一致した人たちよりも高い賞金がもらえる。

装置が当たりの数をランダムに選ぶと仮定して、*49通りの可能性から六つの数を正しく選ぶ確率はいくらになるだろう。各々のボールの抽選は独立した行為で、選ぶ対象のボールの数が減ることは別にして、次に抽選するボールにはまったく影響しない。だから、49個の数から六つの当たりの数の最初のものと一致する確率は、$\frac{6}{49}$という分数になる。残りの48個のボールから残りの当たりの五つの数のどれかを選ぶ確率は、$\frac{5}{48}$となる。残りの47個のボールから残りの当たりの四つの数のどれかを選ぶ確率は、$\frac{4}{47}$となる。このように、残る三つの確率は、$\frac{3}{46}$、$\frac{2}{45}$、$\frac{1}{44}$となる。したがって、全部を独立して選び、大当たりになる確率は次のようになる。

$$\frac{6}{49} \times \frac{5}{48} \times \frac{4}{47} \times \frac{3}{46} \times \frac{2}{45} \times \frac{1}{44} = \frac{720}{10068347520}$$

最後の割り算をすると、13,983,816分の1の確率になる。およそ一四〇〇万分の一だ。どれか五つの数と、そのうえにボーナスボールも一致するとなると、確率は六倍になり、賞金をもらえる確率は、$\frac{13,983,816}{6}$分の1、すなわち2,330,636分の1となる。

考えられるすべての抽選の集合——全部で13,983,816通り——について考えよう。そのうちのいくつが、一致する数の個数が、5個、4個、3個、2個、1個、ゼロ個の数になるだろうと考えてみる[17]。五つの数が当たりと一致して選ばれる組み合わせは258個通りあるが、そのうちの6通りではボーナスボールがもらえるので、残りは252になる。四つが当たりと一致して選ばれる組み合わせは13,454通り、三つが当たりと一致して選ばれる組み合わせは246,820通り、二つが当たりと一致して選ばれる組み合わせは1,851,150通り、一つが当たりと同じになる組み合わせは5,775,588通りで、一つも当たりどおりにならないのが6,096,454通りとなる。たとえば五つの数が当たる確率を出すには、それが何通り起こりうるかという数を、ありうる組み合わせの総数で割ればよい。つまり$\frac{252}{13,983,816}$となり、宝くじ券を一枚買えば、55,491分の1の確率となる。四つが一致する確率は1,032分の1、三つなら57分の1だ。13,983,816通りの結果のうち賞金をもらえるのは1 + 258 + 13,545 + 246,820 = 260,624通りとなり、券を一枚買って何らかの賞金を獲得する確率は、$\frac{260,624}{13,983,816}$、およそ54分の1となる。週に一枚と、誕生日とクリスマスに一枚ずつ買えば、何らかの賞金をもらえる可能性がある。

この計算ではあまり宝くじを買おうという気にはならない。統計学者のジョン・ヘイグの指摘では、平均的な人は、大当たりをとるよりも、くじを買って一時間以内に死ぬ可能性のほうが高い。くじを買わなければ絶対に当たることはないというのは確かに真実だが、では、大量に買ったらどうなるだろう。

宝くじに確実に当たる唯一の方法は、すべてのくじ券を買い占めることだ。世界中のさまざまな宝くじで、こうした手が何回か試された。抽選で大当たりが出ないと、ふつうは当選者なしとして翌週に持ち越され、スーパー大当たりとなる。こうした状況なら、ほとんどすべての券を買うのもいいかもしれない。違法でも何でもないのだから。アメリカのヴァージニア州宝くじは、44個のボールから6個の数を選ぶという点以外ではイギリスの宝くじとそっくりで〔一枚一ドル〕、7,059,052通りの結果が考えられる。大当たりが持ち越されて賞金額が二七〇〇万ドルになったとき、オーストラリア人のギャンブラー、ピーター・マンドラルが、券を買って数字を印字する練り上げた作戦を進め、ありうる組み合わせのうち九割を何とか買った（気になる残り一割が買えなかったのは、仲間の何人かが失敗したせい）。マンドラルは持ち越しとなった大当たりを獲得し、宝くじ代と購入「労働者」たちへの支払い分の一〇〇〇万ドルを差し引いても、かなりの利益をものにして帰国した。

＊ 厳密に言えば、装置が一二台（それぞれ名前がついている）とボールが八セットあって、テレビ中継で当たりの数を公開抽選するのに使われる。どの回の抽選でどの装置とボールのセットが使われるかは、ランダムに選ばれる。宝くじが始まって以来、抽選結果を統計的に分析した誰もがずっと見逃しているのはこの点だ。特定の数の組み合わせが他に比べてよく出るような、ランダムでない要素があるとすれば、そのもっともありうる原因は、特定の装置やボールにある特徴と関連しているだろうから、個々の装置とボールのセットについて、別々に統計を取らなければならない。そうした偏りは、すべてのボールのセットと装置の結果を平均することで均等にできる。

56 本当に奇妙きてれつなサッカーの試合

オウン・ゴール　オウン・ゴールは、ディフレクション〔キーパーがシュートを手のひらで弾きコースを変える守備方法〕が失敗したときと同じように、失敗をしたチームの方に同情して語られる傾向が強い。したがって、「無能」とか「愚か」とかいった言葉の方がぱっと頭に浮かぶような場合でも、変なとか妙なとかいった言葉で形容されることが多い。

ジョン・レイ＋デイヴィッド・ウッドハウス『サッカー用語集』

これまででいちばん奇怪なサッカーの試合はどれだろう。それならあの試合しかない。一九九四年シェル・カリビアン・カップでの、グレナダ対バルバドスのあの悪名高い試合に決まっている。この選手権では、決勝トーナメントに進む前に、グループ戦のステージがあった。グループステージの最終試合で、バルバドスは、次のステージに進出するには、二点以上の差でグレナダに勝たなくてはならなかった。それができないと、代わりにグレナダが資格を得る。とてもわかりやすい。どうしたら、変なことになるのだろう。

なんと、予期せぬ結末が必ず起こるという法則が的中した。選手権の主催者が、延長時間内に「Vゴール」を放って勝ったチームに対する得失点差の扱いをより公平にするため、新たなルールを導入していた。Vゴールで試合が決まると、一ゴール差より大きな差では決して勝つことはない。これは不公平だ。そこで主催者は、Vゴールを二ゴールと数えることに決めた。でも、実際にはどうなったのか。

バルバドスはすぐに二対〇とリードし、次のステージに楽々進むかのように見えた。試合終了のわずか七分前、グレナダがゴールを決めて二対一と追い上げた。バルバドスは三度めのゴールを決めれば次のステージに進出できる可能性はまだあったが、あと数分しかない状況ではそう簡単なことではない。オウン・ゴールをして同点にするほうがよい。そうすれば、延長時間でVゴールを決めて勝てる見込みがある。ゴールは二ゴールと数えられ、グレナダをおさえて自分たちが次ステージに進めるからだ。バルバドスは、残り三分のところで自陣ゴールにボールを押し込み、二対二とした。グレナダは、もうひとつゴールを決めれば（どちらのゴールでも！）決勝トーナメント進出と考え、自陣ゴールを攻め、その失点で得失点差を一として逃げ切ろうとした。ところがバルバドスは断固としてグレナダのゴールを守ってオウン・ゴールを阻止し、延長戦に持ち込んだ。延長時間では、バルバドスは一転グレナダのゴールを攻めて相手をあわてさせ、最初の五分間で勝利を決めるVゴールをたたきこんだ。私の話が信じられないなら、YouTube で見てみるといい。*

* http://www.youtube.com/watch?v=ThpYsN-4p7w

57 アーチの問題

天才とは、五分の四の努力と、五分の一の的の絞れた戦略的な見方である。
アーマンド・イアヌッチ〔イギリスのコメディアン、脚本家、映画監督〕

石でできた古いアーチは、とても不可解な建造物に思われる。個々の石だけを見ると、一個一個を所定の位置に置いたように見えるが、アーチ全体を見ると、頂点にある笠石が最後に置かれるまで支えがまったくないように見える。「ほとんど完成」したアーチというものがありえないのだ。それなら、どうやってアーチを作れたのだろうか。

この問題は興味深い。「インテリジェント・デザイン（知的設計論）」という名のもとにアメリカでかなり関心を集めている、奇妙な理屈を思わせるからだ。その論旨は、おおまかに言えばこうなる。自然界に存在する複雑なものを選び出し、今の姿に発達する前の段階に当たるものがないため、より簡単な形態から段階をふんで進化したのではなく、もともとそうした形態として「設計」されていたにちがいない。たしかに、これは少々主観的な話だ。前段階がどういうものだったのか、十分に想像できる力がないからそう考えるのかもしれないわけだから。でも、根本的には、この問題はアーチに似ている。アーチの構造は複雑で、それが石一個足りない、ほんのわずかに単純な形のものから一段階進んだものだとは思えない。

このアーチの例で私たちの想像力がどう足りないのだろう。あらゆる構造は、部分を足していくことで建てられるという考えにとらわれてしまっているところだ。しかし、引くことで建てられる構造物もある。最初に石の山があり、それを徐々に混ぜてから山の中心部から石を取り除いていって、最後にアーチが残るようにするのだとしたらどうだろう。こういうふうに考えると、「ほとんど完成」したアーチがどういう姿なのかがわかる。中央部の穴の部分にも石がつまっているものだ。海で実際に見られるアーチ状の岩の門は、岩が徐々に浸食されて穴ができ、外側のアーチの部分だけが残ってできる。同じように、自然界にある複雑なもののすべてが、足すことでできているとは限らない。

58 八にまとめて数える

八正道（はっしょうどう） 正見〔正しいものの見方〕、正思惟〔正しい思考〕、正語〔いつわりのない言葉〕、正業〔正しい行為〕、正命〔正しい職業〕、正精進〔正しい努力〕、正念〔正しい集中力〕、正定〔正しい精神統一〕

八正道〔釈迦が説いた涅槃に達するための八つの正しい実践行〕

私たちは「十」を基本にして数える。一がとお集まって十、十が十個集まって百、百が十個で千のように。それで、私たちの数の数え方は「十進法」と呼ばれる。数の呼び名さえ十分にあれば、数がどこまで続いても限界はない。大きな数を呼ぶのに、万とか億とか兆とかの名前があるが、書き記す可能性のあるすべての数に名前がついているわけではない。その代わりに、1の後にn個のゼロがつく数を指して10^nのように書く便利な記数法がある。たとえば千は1000で10^3となる。

数え方がこういうふうに十を基本としているわけは、すぐに見当がつく。元をたどれば、私たちの手の指に行き着くのだ。古代文明の大半では、手の指をいろいろに使って数を数えた。その結果、数え方が、五のまとまり（片手の指の数）、十のまとまり（両手の指の数）、二十のまとまり（手の指と足の指の数）、それにこうしたまとまりを全部か一部混ぜたものを基本とするようになった。英語での数え方には、昔の基数を指す古い言葉が残っていることから、さまざまな数え方が合わさって新たな数え方が作られた複雑な歴史が見てとれる。そういうわけで、十二を表す「ダース（dozen）」や、二十を表す「スコア（score）」

（「刈る」や「切る」という意味の古いサクソン語の単語sceranからきている）という単語があったりするのだ。スコアには、「二十」の他にも、「印をつける」や「数を記録する」といった意味もあって興味深い。これらの三つの意味はすべて、木の札に、二十をひとまとまりとした印（スコア）を刻みつけた符木が使われていた時代の名残だ。

昔の文化では十を基数とする数え方が広く使われていたが、中米のインディオ社会では、八を基数とする数え方が使われていた。どうしてだろう。私はよく数学者に、もっともな理由を思いつくかどうか尋ねたものだ。すると、よく出て来た答えでは、八には因数がたくさんあるから、二と四で割り切れるから、分数と呼ばれる新しい種類の数を作らずとも四等分できるからなどという理由で、八というのは使いやすい良い数なのだという。しかし、正しい答えが返ってきたのは一度だけだった。大勢の八歳の子どもたちを前にしてこの質問をすると、ひとりの女の子がすぐに正解を言った。インディオは、指と指の間を数えていたのだ。指の間に、細長いものや小さなものを何かはさんでいたら、こうやって数えるのが自然だ。八を基数とした人たちも、指で数えていたのだ。

59 信任を得る

民主主義はかつては善いものだったが、今や悪人の手に渡ってしまった。
ジェシー・ヘルムズ〔元アメリカ合衆国上院議員〕

政治家は、実際よりもはるかに大きな信任を得ていると思いがちだ。政策のリストを作って有権者に提示していて、当選した方が全体的には最多票数を獲得した事実があっても、有権者の大多数が、どの件についても、対立候補の政策より、当選した方の政策に賛成しているとは限らない。しかも、僅差で選挙に勝ったとしたら、どんな信任を得ていると言えるだろうか。

単純に考えるために、二人の候補者（または二つの政党）しか選挙に出ていないとしてみよう。勝った方の票数がW、負けた方の票数がLとして、有効投票総数が$W+L$とする。この程度の規模のものごとではどれでも、起こると予測されるランダムな統計学的「誤差」は、$W+L$の平方根で表される。だから、$W+L=$一〇〇なら、どちらの方向にも統計学的に不確実なところが一〇はある。投開票の流れ——どの候補に入れるか決め、投票し、集計する——の中にはかなり大きいランダムなばらつきがあって、選挙の勝った方が、そのおかげで勝ったのではないと確信をもてるには、相手との差がランダムなばらつきよりも大きくなくてはならない。

$$W - L > \sqrt{W+L}$$

票数が一〇〇とすると、そう確信をもてるには、相手との差が一〇票より大きくなければならない。一例として、二〇〇〇年のアメリカ合衆国大統領選挙*で、ブッシュは選挙人投票で二七一票、ゴアは二二六票獲得した。差はわずか五票で、二七一プラス二六六の平方根、約二三よりもずっと小さい。

もっとおもしろい話に、イタリア人の著名な高エネルギー物理学者、エンリコ・フェルミにまつわるものがある。世界最初の原子爆弾の製造に重要な役割を演じたフェルミは、テニスがとても強かったが、あるとき六対四のゲーム差で試合に負けたとき、差がゲーム数の平方根より小さいから、この負けは統計学的に有意ではないと言い返したという。

選挙に勝った方が、ただのランダムな誤差にはよらないと自信がもてるだけの十分な差をつけたとする。それなら、勝った方の政策に対して有権者の「信任」が得られたと主張するには、どのくらい大きな得票差を獲得していないといけないだろうか。これにはひとつおもしろい解答がある。全票数分の勝者の得票数 $W/(W+L)$ が、勝者の得票数分の敗者の得票数 L/W より大きくないといけないというものだ。この信任の「黄金」条件は、したがって次のようになる。

$$W/(W+L) > L/W$$

こうなるには、$W/L > (1+\sqrt{5})/2 = 1.62$ でなければならない。この数は、あの有名な「黄金比」だ。

つまり、$W/(W+L)$の割合がおよそ$8/13$、すなわち、両者に入れられた票全体の六一・五パーセントよりも大きくなくてはならないということだ。イギリスで行われた先回の総選挙では、労働党が四一二議席を獲得し、保守党が一六六議席を獲得した。よって労働党は、全五七八議席のうちの七一・二パーセントを獲得したことになり、「黄金」信任を十分に得たことになる。対照的に、二〇〇四年のアメリカ大統領選では、ブッシュは二八六の選挙人投票数を、ケリーは二五一票を獲得したので、ブッシュは全票のうち五三・三パーセントしか得ておらず、これは「黄金」信任に必要な割合に及ばない。

* この選挙については、純粋に統計学的な観点から、いまだに非常に疑わしい面がいくつかある。あの決定的なフロリダ州の投票での、再集計の結果が非常に不可解だった。投票用紙を再検査しただけで、ゴアへの投票数が二二〇〇も増し、ブッシュへの投票数が七〇〇増した。どちらの候補者にも曖昧な投票がなされる可能性が等しくあるはずだと予測されるため、再集計で新たな票の行き先がこれほど大きく偏っていることから、それ以外のランダムではない性質の何かが、最初の集計か二回めの集計か、いずれかで起こっていたことがうかがわれる。

60　どっちに転ぶか

しかし、先にいる多くの者が後になり、後にいる多くの者が先になる。
マタイによる福音書〔新共同訳〕

一九八一年、イングランドサッカー協会が、より攻撃的なプレーに報いることをねらって、リーグの運営方法を抜本的に改革した。勝利に与える勝ち点を、従来の二点から三点に変えることにしたのだ。引き分けは今まで通り一点とした。まもなく他の国々もこれに従い、今では世界中のサッカーリーグの試合で、これが一般的な勝ち点の方式となっている。消極的で勝ちに行かないチームがどの程度の成績をあげるか、この新方式が与えた影響を見てみるとおもしろい。勝利に勝ち点二が与えられていた時代には、四二試合をこなして勝ち点六〇を獲り、リーグ優勝するのはたやすいことだった。それに、全試合引き分けで四二点を獲得したチームが、リーグの上位半分に入ることもできた。実際、一九五五年の旧一部リーグチャンピオンシップで、チェルシーが、過去最低勝ち点の五二点で優勝している。今日では、勝利の勝ち点が三なので、優勝するには三八試合で勝ち点九〇以上なくてはならず、全試合引き分けで勝ち点四二なら、下から三番か四番になり、降格がかかってくる。

こうした変更を頭に置いて、あるリーグで、シーズン最終日の試合終了の笛が吹かれた直後に協会が勝ち点方式を変更することに決めたとしてみよう。シーズン中は、勝利の勝ち点が二、引き分けの勝ち点が一でプレーしていた。リーグには一三のチームがあり、互いに一回ずつ試合をするので、各チームが一二回試合をすることになる。オールスターズは、五試合で勝ち、七試合で負けた。なんと、リーグで行われた他のすべての試合は引き分けに終わった。したがってオールスターズの勝ち点は全部で一〇となる。この他のすべてのチームは、引き分けが一一回なので勝ち点一一となり、そのうちの七チームは、オールスターズに勝った試合でこれに加えて勝ち点二を得た。一方、残りの五チームは、オールスターズに負けたので、これ以上の勝ち点はない。つまり、オールスターズ以外では、七チームが勝ち点一三、五チームが一一となった。一二チームはみな、オールスターズより勝ち点が多く、オールスターズはこれで、リーグ最下位に落ち込んだ。

オールスターズの選手が最終試合を終え、リーグ最下位が確定し、降格は確実、財政破綻もありうると、がっくり肩を落としてロッカールームに引き上げたそのとき、リーグのトップが新勝ち点方式を導入することに決定し、このシーズンのリーグ全試合に遡って適用するという知らせが舞い込んだ。攻撃的なプレーに報いるために、勝利には勝ち点三を、引き分けには勝ち点一が与えられる。オールスターズはすぐに計算にかかった。これなら勝った五試合で一五になる。他のチームは、引き分けの一一試合での勝ち点は一一のまま変わらない。でも、オールスターズに勝った七チームはそれ以外にそれぞれ勝ち点三をもらい、オールスターズに負けた五チームには勝ち点はない。いずれにしても、他のチームはどこも一一か、せいぜい一四止まりなので、今度はオールスターズが優勝となる！

61 無から有を生み出す

間違うのは良いことだ。間違いは多いほど良い。間違いをする人は昇進させてもらえる。信頼できるのだ。なぜかというと、そういう人は危険ではなく、まじめになりすぎない。間違いを犯さない人も、結局は足を踏みはずす。これはまずい。自由落下しているものは、すべからく困りものだ。いつ自分の上に落ちてくるかわからないではないか。

ジェームズ・チャーチ『「北」の迷宮』

パワーポイントのようなコンピュータのソフトを使って講義をしたり「プレゼンテーション」をしたりしなければいけない人なら、こうしたソフトの弱点をすでに見破っていることだろう――教師だったらなおさらそうだ。プレゼンテーションが終わると、ふつう、話の内容について聴き手から質問が出される。これについては、図や文字をかけば、とても簡単かつ効果的に答えられる場合がかなり多いという実態がある。黒板に向かっていたり、オーバーヘッドプロジェクターと透明シートとマジックペンがあったりすれば、必要な絵や図が簡単に描ける。でも、普通のノートパソコンしかないと、少々困ってしまう。「タブレットPC」でもない限り、プレゼン資料の上に何かを簡単に「描く」ことはできないからだ。こういうことから、私たちがどれだけ、何かを説明するのに絵や図に頼っているのかがわかる。絵は文字よりも直接的なのだ。しかも、デジタルではなくアナログだ。

数学者の中には図を信用しない人もいる。図は、正しそうに思われる方向へと偏りが出るように描か

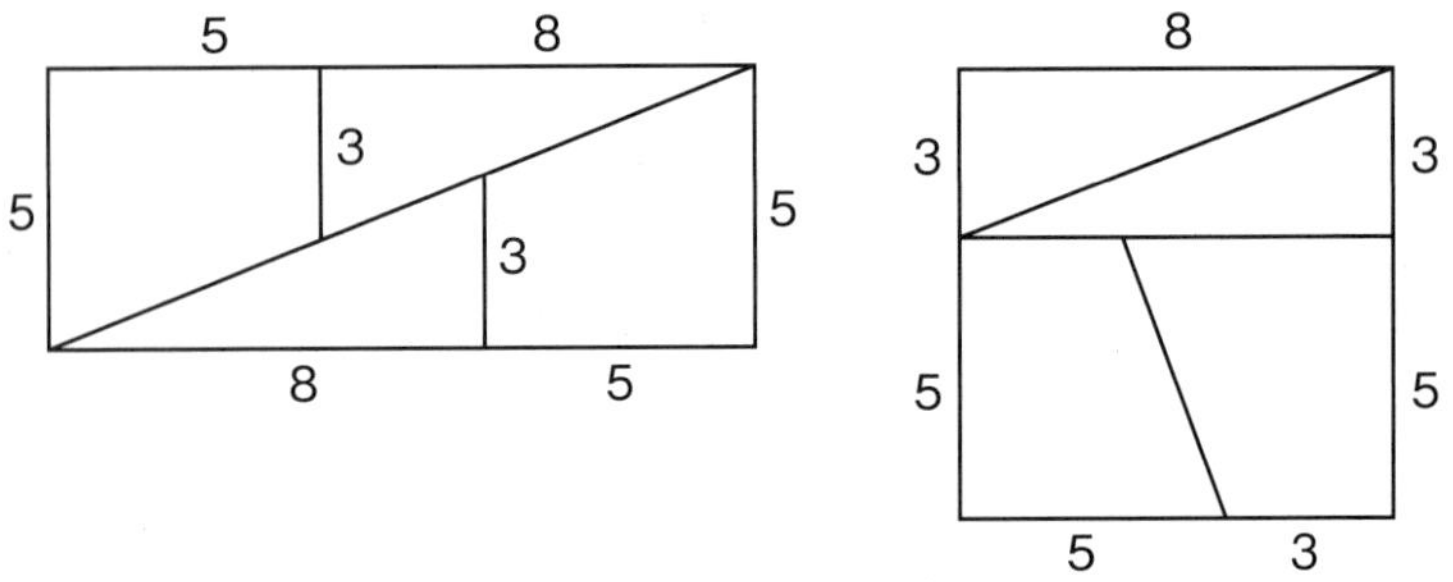

れた可能性があり、そういう人々が好む証明は、そんな図を使わないで進めるものだ。でも、数学者はたいていその正反対を行く。図が好きで、何が正しいかを見抜いたり、それをどうやって証明していくかの見当をつけたりするために、なくてはならない案内人のようにとらえている。こちらの意見の方が多数派なので、少数派が喜ぶようなことをお見せしよう。八×八平方メートルの高価な敷物があるとしよう。次の平面図にあるように、四つの部分――三角形が二つと斜方形が二つ――でできている。

この正方形の総面積が八×八＝六四平方メートルになるのはすぐにわかる。では、図面に示した寸法の四つの部分をばらばらにして、並べ方を変えてみよう。今度は次のような長方形にしてみる。

なんと奇妙なことになった。新しくできた長方形の敷物の面積はいくらになるだろう。一三×五＝六五平方メートルだ。[18] 何もないところから、一平方メートルの敷物が生み出された。いったい何が起きたのだろう。パーツを切り取って、自分でやってみよう。

62 選挙を操る

次の選挙であなたのお仲間のコンサルタントを務めて差し上げましょう。誰を勝たせたいかを教えてください。お仲間の方々とお話をしたあと、お考えの候補者が確実に選ばれるような「民主主義的な手続き」を作成いたします。

ドナルド・サーリ
〔アメリカの投票方法研究の専門家〕(19)

14章で見たように、選挙には微妙なところがある。票の数え方には何通りもあるし、おかしなやり方をすると、候補者AがBに勝ち、BがCに勝っているのに、CがAに勝っているというような事態も起こりうるのだ。そういうことは望ましくない。複数の候補者がいて、何回か投票をするような選挙もある。投票をするたびに、最下位の候補者が抜けていき、次の回の投票では、その候補者に入っていた票が別の誰かに回されるような方式のものだ。

毎日毎日、本物の選挙に投票していなくても、投票にかかわることがどれだけ多いか、知れば驚くだろう。何の映画を観に行こうか、どのテレビ番組を観ようか、休みにはどこに出かけようか、どの冷蔵庫を買うのがいちばんいいか、等々。複数の回答が考えられる問題について人と話し合うような場合には、実際に「投票」をしていることになる――「候補者」がいて、自分の好むものに票を入れて、最終的に選ばれるものが当選となる。投票をするすべての人が決定に直接かかわるわけではない。プロセスはいつも、かなりでたらめに進行する。誰かがある映画がいいと言う。すると誰かが、別の映画の方が新しいからそれがいいと言う。すると誰かが、その新作は暴力シーンが多いから、別のこちらの方がいいと言う。その映画を観たことのある人がいたので、最初に挙がった映画に話が戻る。それは子ども向けではないと言い出す人がいて、別の映画の名前が出る。この頃にはみんなうんざりしていて、最後の提案に賛成する。このプロセスが、勝ち抜き戦の試合のように繰り返される。そのつど、ひとつの可能性が別のひとつと比べられる。ここでは興味深いことが起こっている。候補に挙がったすべての映画のすべての属性を一気に検討して投票するのではない。したがって検討の結果は、二つの映画を比較する順番にとても大きく左右される。検討する映画の順番と、比較の対象とする属性を変えれば、まったく違う映画が勝ち残るだろう。

これは選挙でもまったく同じだ。二四人が、八人の候補者（A、B、C、D、E、F、G、H）からひとりのリーダーを選ぶとしよう。「投票者」を三つのグループに分け、それぞれのグループ内で、好ましいとする候補者の順序が次のように決まった。

グループ1　ABCDEFGH
グループ2　BCDEFGHA
グループ3　CDEFGHAB

ぱっと見ると、三つの順位のリストの中で一番と二番と三番となっているCが、総合的に最も支持されているようだ。ところがHの母親が、わが子にどうしてもリーダーになってもらいたくて、Hが選挙に勝てるようにはできないかと頼みにきた。順位のリストでは、Hは最下位と、最後から二番め、最後から三番めなので、望みはないように見える。Hがリーダーになるチャンスはきっとない。そこでHの母親に、何事もルールに従わなくてはならず、不正は許されないとはっきり言う。そこで、Hが勝者となるような投票方式を探るという難題がもちあがる。

　母親の頼みを聞き入れるには、勝ち抜き方式の選挙にすればよい。一度に二人を対象として、先ほどの三つのグループの順序をもとに勝者を選んでいくのだ。まず、GとFの勝負では、Fが三対〇で勝つ。Fは次にEと対決し、三対〇で負ける。するとEがDと当たり、三対〇で負ける。DはCと勝負して三対〇で負ける。CはBと勝負して二対一で負ける。BはAと勝負して二対一で負ける。残るは、AとHの勝負だけだ。HはAに二対一で勝つ。こうして、Hが、新しいリーダーを決める「勝ち抜き戦」で勝利を収める。

　どういう仕掛けを使ったのか。早い段階で強い候補者どうしを競わせてひとりずつ消していき、最後の最後に「温存」していた候補者を出し、しかも勝てる相手と競わせるようにすればいいだけだ。だから組み合わせの位置さえ間違わなければ、イギリス人のテニス選手だって、やはりウインブルドンで優勝することもできるのだ。

63　振り子のスイング

イングランドは振り子みたいにスイングする

ロジャー・ミラー
〔アメリカのカントリー・ミュージシャン〕

言い伝えでは、一六世紀、偉大なイタリア人科学者のガリレオ・ガリレイが、ピサ大聖堂の天井から吊るされた大きな青銅製のシャンデリアが左右に揺れるのを楽しそうにじっと見つめていた。香の匂いを流すために揺らされていたのかもしれないし、あるいは、ろうそくを補充するために下に降ろしたせいで揺れていたのかもしれない。ガリレオはそのようすに夢中になった。天井からシャンデリアを吊す綱（つな）はとても長く、シャンデリアは振り子のように、ゆっくりゆっくり、左右に揺れていた。ゆっくり揺れるおかげで、最初の地点から一往復してそこに戻ってくるまでの時間を計ることができた。ガリレオは、いろいろな機会をとらえて観察した。観察するたびに、シャンデリアの揺れ方は違っていた。ほんのわずかに揺れるだけのこともあれば、いくらか大きく揺れることもあった。そこでガリレオは、とても重要なことに気がついた。シャンデリアが一往復するのにかかる時間は、どれだけ揺れるかに関係なく、つねに同じだったのだ。強く押すと、ほんの少し押したときよりも、シャンデリアは遠くまで行った。ところが遠くまで行くと、他の時よりも動きが速いので、最初の地点まで戻ってくるのには、まるでそっと押したかのように、他の時と同じ時間しかかからない。

この発見*は大きな影響をもたらした。振り子で動く大時計を備えていれば、一週間に一回はねじを巻かなければならない。ガリレオが発見したことは、実は、振り子が止まっても、もう一度振り子を揺らすために振り子を押すとき、押し方は時計の動きとは関係ないということだった。あまりに強く押さない限り、左右に揺れる時間は同じで、針が一秒分動くのにかかる時間は一定している。もしもそうでなかったら、振り子時計はかなり厄介な代物だっただろう。時計が止まる前と同じ速さで動くようにするためには、振り子の振り幅を正確に設定する必要があるからだ。まさにガリレオの鋭い観察から、振り子時計のアイデアが生まれたのだ。最初の実用的な振り子時計は、一六五〇年代にドイツ人物理学者のクリスティアーン・ホイヘンスによって作られた。

もう一つ、物理学者は生存本能よりも論理を優先するかどうかを、揺れる振り子を使って試すおもしろい実験がある。ガリレオが観察した大聖堂のシャンデリアのような、大きくて重い振り子があるとしよう。物理学者がその片側に立ち、振り子の重りを、自分の鼻の先にちょうど触れるところまで引く。それから、重りを放す。力を入れて押してはいけない。重りは鼻先を離れ、向こうまで行ってから、また鼻先まで戻ってくる。物理学者は後ずさりするだろうか。そうすべきだろうか。その答えは、「イエス」でもあり「ノー」でもある。**

* ガリレオは、シャンデリアがどこまで遠く行ってどうやって揺れても、これが当てはまると考えた。実際には、この考え

は正しくない。振れ幅の「小さい」振動なら、かなり高い精度でこう言える。このタイプの振動は、科学者の間では「単振動」と呼ばれている。この言葉は、自然界にあるほぼすべての安定した系が、平衡状態からわずかに乱された後に示すふるまいを指す。

＊＊ 振り子は、振り下ろされた地点の高さよりも高い地点まで上がることはない（誰かが振り子を押して余分なエネルギーを与えない限り）。実際には、振り子は、空気抵抗と、支えの部分での摩擦を乗り越えて振れているので、そのたびに、エネルギーをわずかに失っていく。そのため、最初の高さと同じところまで戻ることはない。物理学者は確かに安全だ——でも多少後ずさりはするだろう。

64 正方形の車輪のついた自転車

自転車はパートナーとしてはたいていの夫なみだ。どちらにしても、古くてぼろぼろになったら、女に捨てられて新しいものに取り替えられるし、そうしても、生活は支障なく回っていく。

アン・ストロング〔一九世紀アメリカの新聞記者〕

あなたの自転車が私の自転車と同じようなものだとしたら、そちらにも円い車輪がついているはずだ。車輪は一つだけのこともあるが、だいたいは二つあるだろう。いずれにせよ円形だ。でも、車輪の形が円形である必要はないと知ったら、たぶんびっくりするだろう。しかるべき地面の上を走る限り、正方形の車輪のついた自転車でも、十分に安定して走ることができるのだ。

自転車に乗る人にとって、回転する車輪がもつべき重要な特徴は、自転車が前進するときに、がたがたと上下に揺れないことだ。車輪が円形で地面が平らなら、問題ない。自転車が転ばずに直線上を前進するなら、自転車に乗った人の身体の重心は一直線に前進する。平らな地面を正方形の車輪で走れば、上下にがたがた揺れて乗り心地がとても悪くなる。では、正方形の車輪であっても滑らかに走れるような、別の形態の地面はないだろうか。自転車の車輪が正方形のとき、乗る人の動きが直線状になるような地面の形があるかどうかを調べさえすればよい。

その答えにはまったく驚かされる。正方形の車輪でも安定して自転車に乗れる地面の形状はある。そ

れは鎖の両端を地面から同じ高さのところで持ち、吊り下げてできる形だ。これは「懸垂線（カテナリー）」と呼ばれるもので、11章の鎖を吊すという話でも取り上げた。この線を上下逆さまにすると、世界中の多数の立派なアーチに使われている形になる。カテナリー状のアーチを直線に沿って何個も並べると、同じ振幅の起伏がずっと続くことになる。これが、正方形の車輪でも滑らかに走れる地面の形だ。正方形の下の角が、地面に並ぶ「谷」の二辺にぴったりとおさまればいい。カテナリーには、二つを並べて置くと、隣り合うアーチの二つの辺が谷の底で出会ってできる角度が直角、すなわち九〇度になるという重要な特徴がある。この角度は、正方形の四隅の角度でもある。だから、直角の角をもつ車輪は、滑らかに回転し続けるのだ。*

* 滑らかに走れる車輪の形は、正方形だけではない。どのような多角形の形をした車輪でも、さまざまなカテナリーの形をした地面を走ることができる。多角形の辺の数が多くなればなるほど、その形はだんだん円のようになり、カテナリーはますます平坦になって完全に平らな道路に近づいていく。辺が三つの多角形、すなわち三角形の車輪の場合には、問題がある。なぜなら、車輪が、谷の角に入りカテナリーを上向きに転がっていく前に、次のカテナリーの辺にぶつかるからだ。地面を少しずつ埋めて、こういった衝突が起こらないようにしないといけない。等しい長さの辺がN個ある多角形の車輪（正方形の車輪の場合は$N=4$となる）が回転する場合、自転車に乗る人が滑らかに一直線に進むことのできるカテナリー状の地面の方程式は、Cを定数とし、$B = C\cot(\pi/N)$として、$y = -B\cosh(x/B)$となる。

65 美術館には警備員が何人必要か？

見張りは誰が見張るのか。

ユウェナリス〔ローマ時代の風刺詩人〕

あなたが大きな美術館の警備責任者だとしよう。多数の貴重な絵画が館内の壁にずらりとかかっている。目の高さで鑑賞できるようにかなり低い位置にかかっているので、盗まれたり傷つけられたりする恐れがある。美術館には、さまざまな形や大きさの部屋がいくつもある。絵画の一枚一枚を常時きちんと見張れるようにするには、どうすればいいだろう。金に糸目をつけなければ答えは簡単だ。すべての絵画のそばに一人ずつ係員をつけて見張りに当たらせればよい。だが美術館にはふつう潤沢な予算がなく、寄付をしてくれるお金持ちでも、こちらは警備員と専用の椅子に使ってほしいと用途を指定することはあまりない。したがって実際には、問題を、それも数学の問題を抱えることになる。少なくとも何人の係員を雇う必要があるだろうか。それに、目の高さから館内のすべての壁を見渡せるようにするには、係員をどのように配置すればよいだろうか。

*N*面の壁を監視するために必要な係員の最小人数を知りたい。壁はまっすぐで、二面の壁が接する角（かど）にいる係員は、その二面の壁にあるものがすべて見え、係員の視野を遮るものがないと想定する。正方形の館内なら、明らかに一人の係員で監視できる。実際、美術館の形が、すべての角が外側に突き出た

多角形（凸多角形）なら、一人の係員だけでつねに十分だ。

角がすべて外側に突き出ているとは限らない場合には、なかなか興味深い事態となる。図に示すのがそのような展示室だ。壁は八面ある。こちらも、角Oに係員を一人配置するだけで監視できる。

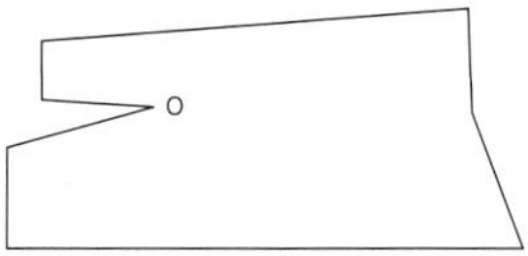

つまり、この展示室なら経済的に運営できる。

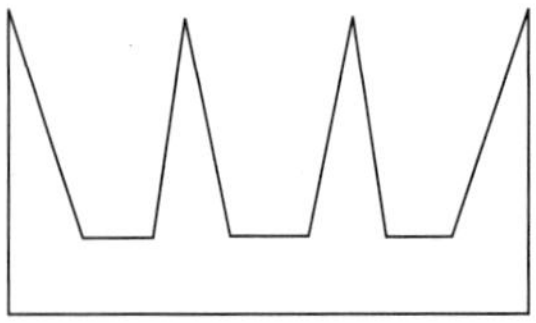

次も、あまり効率的ではない壁が一二枚もある「風変わり」な展示室だ。すべての壁に目を光らせるには、係員が四人必要となる。

この問題を解くには、一般的に、美術館を重なり合わない三角形に分割する方法を考えればよい。分割は必ずできる。多角形にS個の頂点があれば、三角形は$S-2$個できる。三角形は、係員が一人だけで十分な凸状の形のひとつ（三辺の形）なのだから、たとえばT個の重なり合わない三角形で美術館全体を覆うことができれば、必ずT人の係員で監視できることがわかる。もちろん、もっと少ない人数で監視できる場合もある。たとえば、正方形は必ず、対角線のところでくっついた二個の三角形に分割できるが、壁を監視するのに係員は二人はいらない。一人で十分だ。一般的に、W面の壁のある美術館を監視するのに必要と思われる係員の合計人数は、$W/3$の整数部分になる。先ほどの櫛のような形をした壁が一二面ある美術館では、この最大の数は$12/3$で四となるが、壁が八面の美術館ではその数は二になる。残念ながら、最大の人数を配置する必要があるかどうかを決めるのはそうたやすくはなく、この問題はいわゆるコンピュータでも解き「難い（ハードな）」問題になる（27章を参照）。この場合、問題で扱う壁が一枚増えるごとに、計算時間が倍になるのだ。

今日ある美術館の大半の壁面図は、これまでに挙げたような、よじれたり、ぎざぎざになったりしたものではない。どの角も直角の壁面で、次頁の図のようになっている。このような直角でできた多角形の美術館に多数の角があれば、美術館全体を監視するのに必要と思われ、かつつねに十分な係員の配置人数は、$1/4\times$（角の数）の整数部分になる。先ほどの角が一四ある美術館では、この数は三になる。要するに、ことに美術館が大きければ、このような設計にすると人件費がかなり節約できることになる。

壁が一五〇面あれば、直角ではない設計なら係員が五〇人必要だが、直角の作りならせいぜい三七人ですむ。

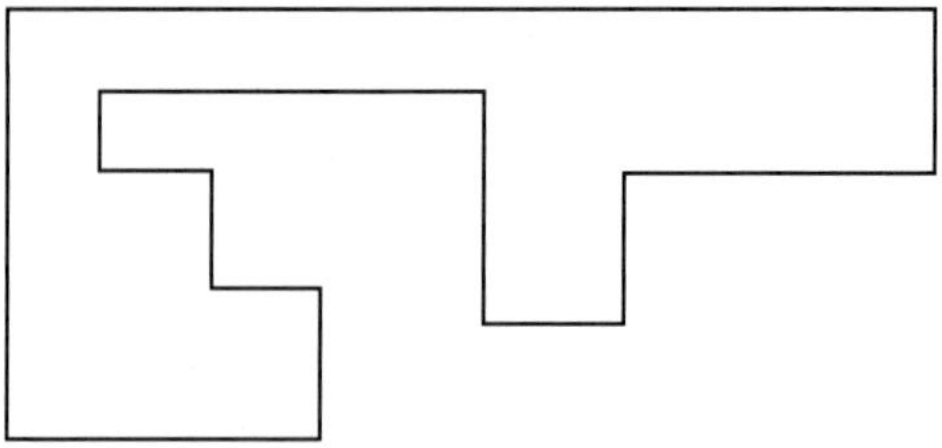

昔からあるタイプの直角でできた美術館の例には、複数の部屋に分かれたものもある。たとえば次頁の図では一〇室に分かれている。このような場合、美術館全体を、重なり合わない複数の長方形に分割することが必ずできる。これは使いやすい設計だ。二つの部屋を結ぶ出入り口に係員を一人配置すれば、同時に二室を監視できるからだ。しかし、一人で三室以上を監視することはできない。したがって、美

術館全体を完璧に監視するのに十分な、場合によっては必要でもある係員の人数は、$\frac{1}{2}\times$（部屋の数）の整数部分、すなわちこの図の場合は五人になる。これなら、とても経済的に人員が利用できる。

壁を監視する人について話してきたが、これまでの話は、美術館全体と小部屋に必要な防犯カメラや照明の数にも当てはまる。これで、今度『モナリザ』を盗もうとするときには、心づもりができているはずだ。

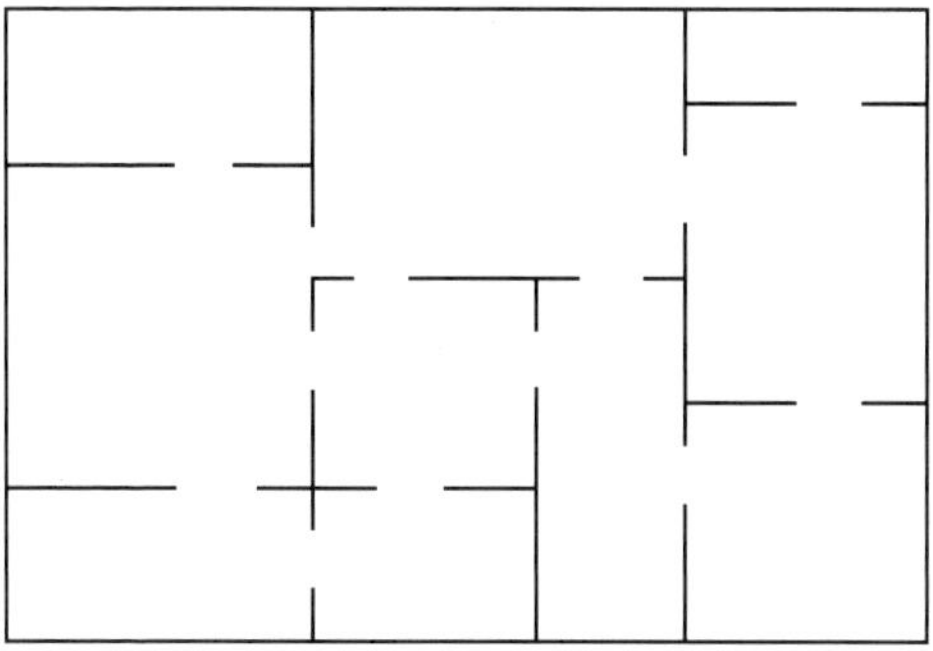

66 それなら刑務所は？

犯罪者と接触したさまざまな経験からわかるのは、その行いは、誰もがしていることをほんの少しだけ極端にしたものにすぎないということだ。

デイヴィッド・カーター〔アメリカの裁判官〕

警備されるべき建物は、美術館だけではない。刑務所や城もそうだ。だが、これらは、美術館と内外が逆のタイプの建物で、監視しなければならないのは外壁の方だ。外壁全体を監視するには、多角形の砦の角（かど）に何人の番人を置くべきだろうか。これには簡単な答えがある。少なくとも$\frac{1}{2}$×（角の数）に等しい整数となる。だから、角が一一あれば、外壁を警護するのに六人の番人が必要になる。さらによいことには、この数がぴったり必要な数だとわかっている。これより少ないと不十分で、これより多いと余分だ。美術館のような内側についての問題では、必要とされる最大の数しかわからなかった。

美術館のときと同じように、今度も、直角をなす壁について考えよう。次のような、直角の形をした二種類の刑務所の外壁があるとする。このような直角の形の場合には、外壁全体を警備するには、少なくとも$\frac{1}{4}$×（角の数）に等しい整

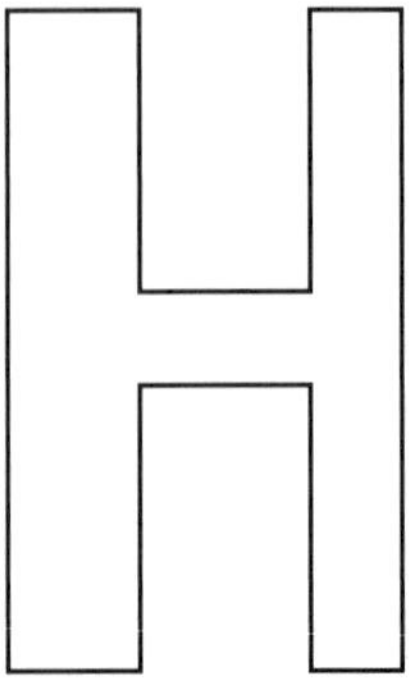

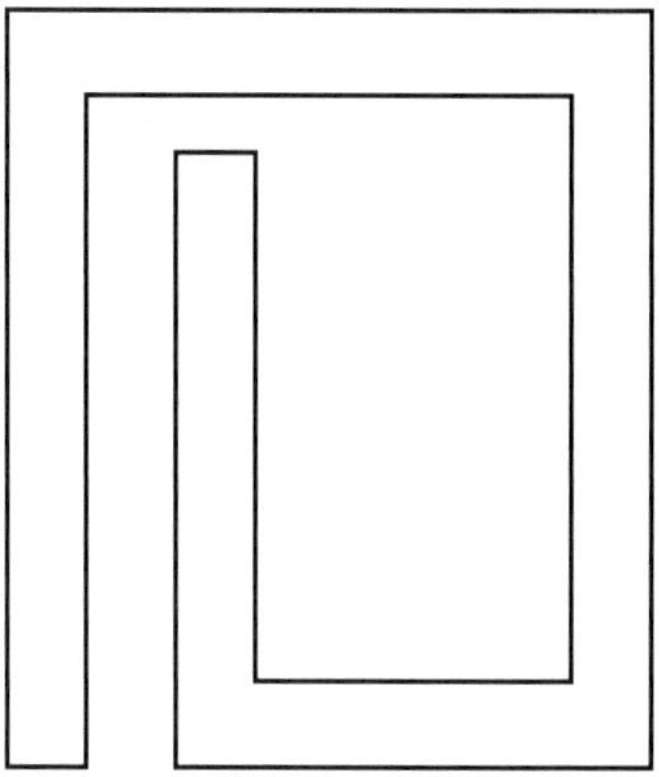

数に一を足した人数が必要になる。これより少なくては監視できないし、これより多い人数は必要ない。ここに挙げた二つの例にはそれぞれ一二の角があるので、一＋三＝四人の警備員が必要だ。

67　玉突きの曲技

スティーヴはピンクの球を狙っています。白黒でごらんの方のために申しますと、ピンクの球は緑の球の横にあります。

テッド・ロウ〔元BBCスヌーカー解説者〕

自分の子どもが起きている時間のほとんどをコンピュータのゲームに費やしていても、数学と計算の勉強になるからと納得する人たちがいた。つねづね思っていたことだが、そういう人たちは、玉突き場で何時間も過ごせばニュートン力学の知識が増えると思うのだろうか。それはともかく、簡単な幾何学の知識があればきっと、その心得のない人を相手に、玉突きの離れ技を見せつけることができる。

ひとつの球を撞いて、その球が、クッションで三回跳ね返りながらテーブルをぐるりと回り、撞いた地点に戻るようにしたいとしよう。まずは簡単な場合――正方形のテーブルから始めよう。何もかもがきちんと対称的なので、テーブルのひとつの縁の中央に球を置き、斜め四五度の角度で撞くべきなのは、まったくもって明らかだ。球は隣り合う縁の中央に同じ角度で当たり、図に点線で描いた完全な正方形の経路をたどる。

もちろん、クッションのところから球をスタートさせる必要もない。点線の正方形の経路のどの地点からでも、点線の正方形の辺に沿って走るように球を撞けば、球は最終的には開始地点に戻る（十分に強く撞けば）。撞いた地点で球がぴったり止まるようにしたいなら、かなりの腕が必要だ——あるいは少なくとも少々練習をしないといけない。

残念ながら、正方形のスヌーカーのテーブルはあまり見かけない。今使われているテーブルは、正方形を二つ並べて置いた形になっていて、標準のテーブルの寸法は三・五メートル×一・七五メートルだ。重要な共通の特徴として、テーブルの縦の長さが横の長さの二倍となっている。この単純な事実を利用して、テーブルの寸法がこういう長方形の場合、トリックショットのとるべき経路を図示できる。参考のために、対角線も書き入れた。撞いた球は、対角線と平行に走り、それぞれの縁の長さを二対一の比で分ける地点に当たらなければならない。この比は、テーブルの縦の長さと横の長さの比と同じだ（正方形のテーブルの場合、この比は一になるので、テーブルのそれぞれの縁の中央に当てる）。このことから、球の経路とテーブルの長いほうの縁がなす角度の正接（タンジェント）は$\frac{1}{2}$となる。つまり角度は二六・五七度になり、短い方の縁となす角度は、直角三角形の三つの内角の和が一八〇度になるため、九〇度からこの角度を引いたもの、すなわち六三・四三度になる。点線の平行四辺形は、長方形のテーブルで球が出発地点に必ず戻ってくる唯一の経路となる。

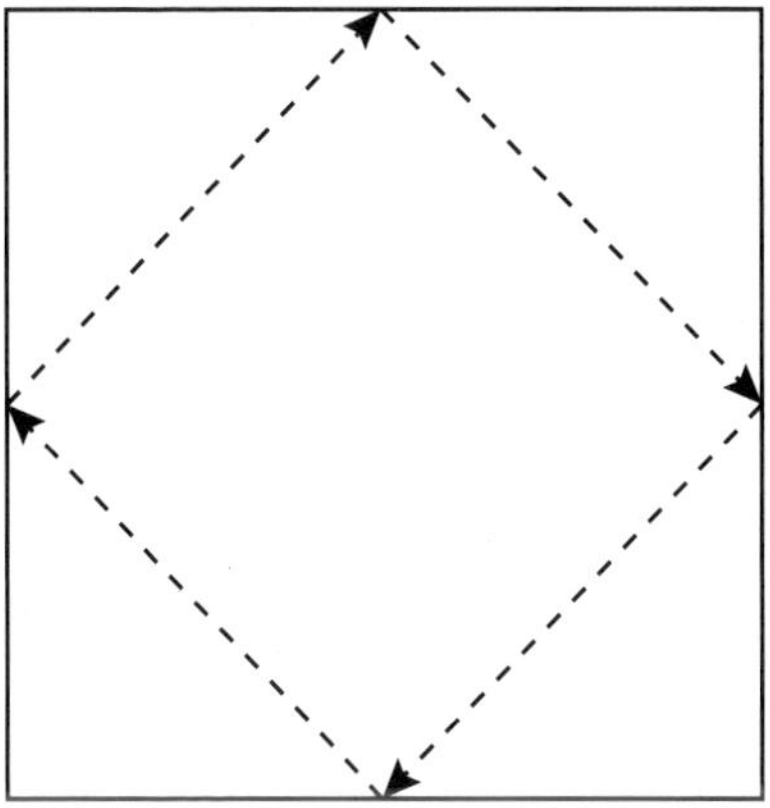

標準的でないテーブルでプレーするなら、計算しなおさないといけない。一般的に、テーブルの長い方の縁に対し

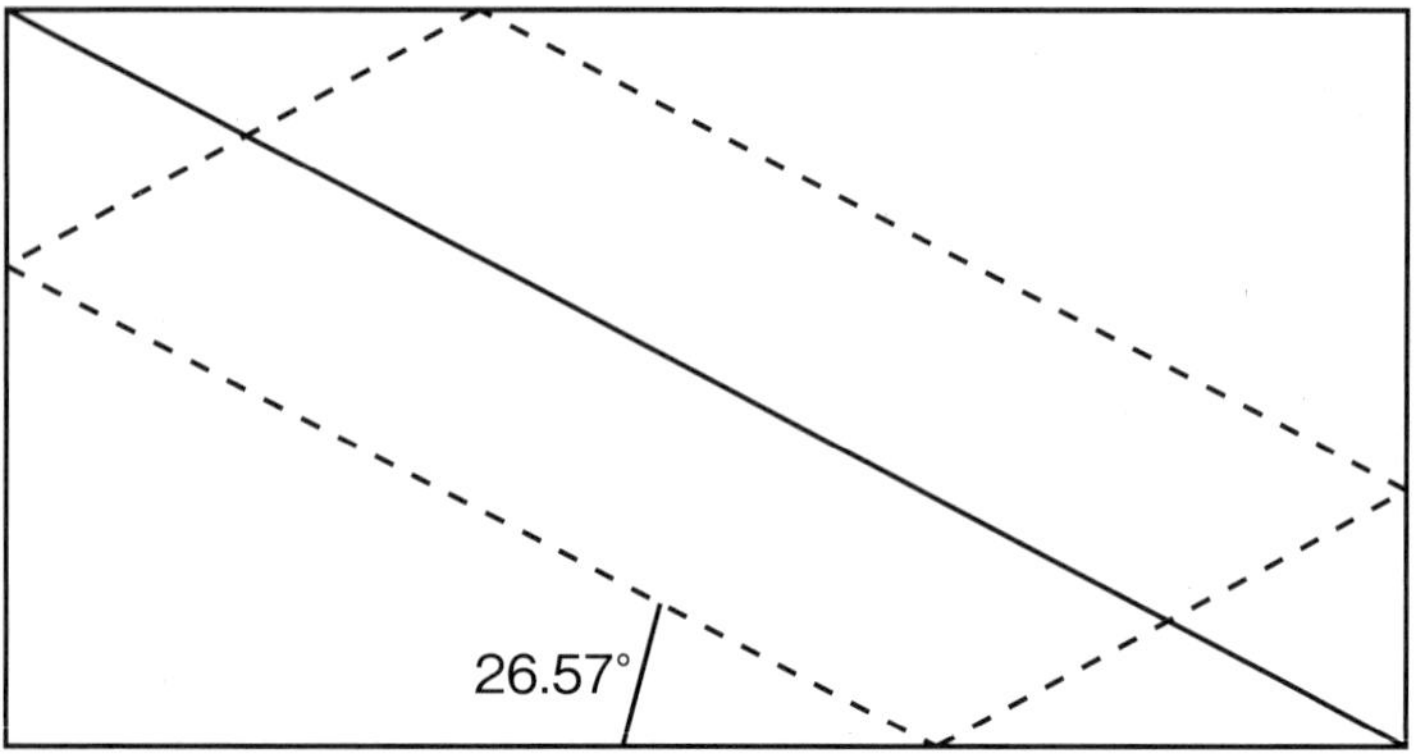

て球を撞くべき魔法の角度は、その角度の正接（タンジェント）が、テーブルの縦の長さに対する横の長さの比（標準的なテーブルなら一対二で、正方形のテーブルなら一対一）に等しい角度で、球を撞くクッションの地点は、テーブルの縁の長さを、縦の長さと横の長さの比と同じ比に分ける地点でないといけない。

68 兄弟姉妹

姉妹関係はとても強い。

ロビン・モーガン〔アメリカのフェミニスト〕

中国で奇怪なことのひとつに、ますます深刻になる「一人っ子」政策の影響が挙げられる。多胎妊娠（だいたい全体の一パーセント）の例を除けば、都市部の若者はみな一人っ子だ。* こうした状況では、両親に注目されすぎて子どもが甘やかされる傾向が強く、「小皇帝症候群」という言葉まで生まれている。将来は、国民のほとんどが、兄弟も姉妹も、おじもおばももたないことになる。「兄弟愛」のような概念はだんだんと、まったく意味がなくなっていくだろう。

まず、兄弟と姉妹というものは、総じて不思議と非対称だ。もしも子どもが二人いて、男の子が一人、女の子が一人なら、男の子には姉妹が一人いるが、女の子には姉妹はいない。子どもが四人いて、女の子が三人、男の子が一人なら、男の子には姉妹が三人いて、女の子たちにはのべ三×二＝六人の姉妹がいる。女の子はそれぞれ、自分以外の女の子を姉妹として数えるしかないが、男の子は女の子全員を数えられる。つまり、男の子にはつねに、女の子よりもたくさん姉妹がいることになるかのようだ！

これは逆説めいている。もっと注意深く見てみよう。子どもがn人いる家庭で、女の子がg人、男の子が$n-g$人なら、男の子たちにはのべ$g(n-g)$人の姉妹がいるが、女の子たちにはのべ$g(g-1)$人の姉妹がいることになる。双方の数が等しくなるのは、$g=1/2\,(n+1)$ の場合だけだ。nが偶数のときにはgが分数になるので、絶対に等しくならない。

今回のパズルができるのは、家庭内での子どもの構成には何通りもありうるからだ。子どもが三人いれば、息子が三人、娘が三人、息子二人と娘一人、娘二人と息子一人の場合がありうる。新たに生まれる子どもが男か女かの確率が等しく1/2だとすると（実際にはそうは言えないが）、家庭内での子どもの構成は2^n通りありうる。子どもがn人で娘がg人の家族構成が何通りあるかは${}^{n}C_{g}$で表され**、男の子にはそれぞれ$g(n-g)$人の姉妹がいる。子どものうちの男の子と女の子の組み合わせが全部で2^n通りあるとして、こんなことを考えよう。子どもがn人の家庭で、男の子がもつ姉妹は平均して何人か。その数は、数gがとりうるすべての値、$g=0, 1, 2, \dots, n$について、男の子にありうる姉妹の数すべての和を、合計数2^nで割ったものだ。それは、次のようになる。

$$b_n = 2^{-n}\Sigma_g\,{}^{n}C_g \times g(n-g)$$

同様に、子どもがn人いる家族で女の子にありうる平均姉妹数はこうなる。

$$g_n = 2^{-n}\,\Sigma_g\,{}^{n}C_g \times g(g-1)$$

これらの式から求められる答えは、式から予想されるよりもずっと簡単だ。驚いたことに、男の子がもつ姉妹の平均数と女の子がもつ姉妹の平均数は等しく、$b_n = g_n = 1/4n(n-1)$となる。ただしこれは平均なので、どのような家庭でも平均値になるとは限らない。$n=3$の場合、姉妹の平均数は一・五人になる（こんな家庭はどこにもない）。$n=4$の場合、平均は三人になる。nが大きくなるにつれて、平均は、だんだん$n/2$の二乗に近づく。子どもが三人いる家庭にありうる八通りの構成を表に示そう。

子どもが三人の家族の構成	構成の数	男の子の姉妹の数	女の子の姉妹の数
男三人	1	0	0
男二人＋女一人	3	2	0
女二人＋男一人	3	2	2
女三人	1	0	6

ここから、男の子がもつ姉妹の合計数は、二列めと三列めの数の和、つまり$3 \times 2 + 3 \times 2 = 12$になり、女の子がもつ姉妹の合計数は、三列めと四列めの数の和、こちらもまた$12 = 3 \times 2 + 1 \times 6$人となることがわかる。構成には八通りありうることから、女の子がもつ姉妹の平均数と男の子がもつ姉妹の平均数は等しく、$12/8$＝一・五人になる。これは、$n=3$の場合、つまり子どもが三人の場合の公式$1/4 \times n \times (n-1)$で予測された通りだ。

＊　農村部では、第一子に障害があるか女の子の場合には、三年の間隔をあければ、第二子をもつことが許される。

＊＊　${}^{n}C_{g}$ は、$n!/g!(n-g)!$ の略で、全部で n 個の可能性の中から g 個の結果を選ぶ方法がいくつあるかを短縮表記したもの。

69　偏りのあるコインで公正にプレーする

そして少々意外なことに、ケンブリッジがコイントスに勝ちました。
ハリー・カーペンター〔元BBCスポーツ解説者〕

ときおり、二つの選択肢の中からどちらかを偏りなく選べるようにコイントスをしようとして、それに使う偏りのないコインが入り用となることがある。多くのスポーツの試合の初めに、審判がコインをはじいて、選手に「表」か「裏」かを当てさせる。このコイントスの結果を得点にした賭け事を考えることもできるだろう。同時に二枚以上のコインを使い、起こりうる結果の数をさらに多くすることもできる。ここで、手許に一枚だけあるコインが、偏りのあるものだとしよう。「表」か「裏」が出る確率が等しく（$\frac{1}{2}$ずつには）ならないのだ。あるいは、相手が周到に用意したコインに、偏りがある恐れがあるとしよう。偏りのあるコインをはじいても、確率が等しい、偏りのない結果が出るようにするために、何かできることはあるだろうか。

コインを二回はじいて、どちらの結果も同じ場合にはそれらを無視するとしよう――つまり、「表－表」か「裏－裏」の順序になったら、やり直す。こうすると、ありうる結果は二通りになる。「表」「裏」の順番か、「裏」「表」の順番だ。偏りのあるコインで「表」が出る確率がpなら、「裏」が出る確率は$1-p$になるので、「表－裏」の順番になる確率は$p(1-p)$で、「裏－表」の順番になる確率は$(1-p)p$

となる。偏りのあるコインの確率pが何であれ、この二つの確率は同一になる。公正なゲームにするためには、「表－裏」の順番を「**表**」と定義し、「裏－表」の順番を「**裏**」と定義しさえすればよい。そうすれば、「**裏**」の確率は「**表**」の確率と等しくなる。しかも、コインの偏りによる確率pを知る必要もない。*

＊　このうまい手を考えたのは、偉大な数学者であり物理学者でありコンピュータの生みの親でもあった、ジョン・フォン・ノイマンだ。これは、コンピュータのアルゴリズムを構築するのに幅広く利用された。後には、「**表**」と「**裏**」の状態を新たに定義する、もっと効率的な方法がないか、さらに研究が行われた。本文中の方法では、「表－表」と「裏－裏」の結果をすべて捨てないといけないので「時間」が無駄に使われてしまうのだ。

70 同語反復の威力

現代世界での出来事を理解するための善き指針は、リースモッグ男爵〔イギリスのジャーナリスト〕がそれについて語っていることの反対を想定することだ。
リチャード・イングラムズ〔イギリスの編集者〕

「同語反復」という言葉は、悪い印象を与える。これは無意味を表し、私のもっている辞書では、「考えや言明、言葉を不要に繰り返すこと」と定義されている。それは、あらゆる起こりうる事態において真であるような言明だ。「すべての赤い犬は犬だ」というような。だが、トートロジーは役に立たないと考えるのは間違いだろう。ある意味では、トートロジーが、確かな知識を得るための唯一の手段となることもある。トートロジーを見つけられるかどうかに命がかかっている状況をひとつ挙げよう。

二つの扉——赤い扉と黒い扉——のついている小さな部屋に閉じ込められているとしよう。扉の一方——赤い扉——は確実に死へとつながり、もう一方——黒い扉——は安全へとつながっている。だが、どちらがどちらにつながっているかは知らない。それぞれの扉の横には電話があり、それで電話をかけて、部屋から無事に脱出するにはどちらの扉を開けるべきか、教えてもらうことができる。ただしそこには問題がある。教えてくれる人の一人はつねに真実を言い、もう一人はつねに嘘を言うが、どちらの人と電話で話しているのかはわからない。できる質問はひとつだけ。どういう質問をすればよいのだろう。

問える中でいちばん単純な質問と言えば、「どちらの扉から出ればいい？」だろう。真実を言う人は、黒い扉から出るように助言し、嘘を言う人は、赤い扉から出るように助言する。しかし、助言をくれる人のどちらが真実を言っているのかはわからないので、これでは役に立たない。それなら、赤か黒かをランダムに選んでも同じことだ。だからこの状況では、「どちらの扉から出ればいい？」という質問はトートロジーではない。異なる答えがありうる質問だからだ。

そこで、「もう一人はどちらの扉から出ればいいと言うだろう」と質問してみよう。すると状況は興味深くなる。真実を言う人は、嘘を言う人が死につながる赤い扉から出るようにと教えることがわかっているので、もう一人は赤い扉から出ればよいと言うだろうと答える。嘘を言う人は、真実を言う人が安全につながる黒い扉から出るようにと教えることがわかっているので、赤い扉から出ると言うだろうと答えてあなたを騙そうとする。

この質問を発見したことで、あなたの命は救われた。どちらの人の答えも、赤い扉から出るべきだと教えられることになったのだ。トートロジーの質問――つねに同じ答えが帰ってくるもの――を見つけ出せば、それが命綱となる。これで、安全に脱出するための戦略が明らかになった。「もう一人はどちらの扉から出るべきだと教えてくれるだろうか」と質問し、答え（赤い扉）をもらい、もう一方の扉（黒）から安全に逃れるのだ。

71 何という騒ぎ（ラケット）！

スピードのせいで死ぬわけではない。死ぬのは急激に止まるせいだ。
ジェレミー・クラークソン〔イギリスの自動車評論家〕

他のものより動かしにくいものがある。たいていの人は、動かしやすいかどうかは重さだけで決まると考える。荷重が大きいほど、動かしにくいというわけだ。だが、さまざまな種類の荷を動かしてみれば、すぐに、荷重が集中しているかどうかが大きく影響することがわかるだろう。質量が集中しているほど、ぐらつきやすく、動かしやすい（2章で学んだことを思い出そう）。フィギュアスケートの選手がスピンを始めるようすを見てみよう。最初は両腕を外側に伸ばしているが、徐々に内側へと腕を引き寄せて最後は身体にぴたりとつける。この結果、スピンの回転速度がどんどん上がる。スケート選手の質量が身体の中心へと集中するにつれ、回転が速くなる。一方で、頑丈な建物を建てるための梁材の形を見ると、断面図がHの形になっている。このおかげで質量は梁材の中心部から分散され、負荷がかかっても、梁がずれたりゆがんだりしにくくなる。

このような運動への抵抗が、通常の使い方そのままの「惰性（イナーシャ）」と呼ばれる〔日本語では、力学的な意味のときには言葉が変わって「慣性」と言うことが多い〕。慣性（イナーシャ）は、物体の質量の合計と、さらには質量の分布によって決まる。質量の分布は、物体の形によって決まる。また回転について考えるなら、テニスラケットのよ

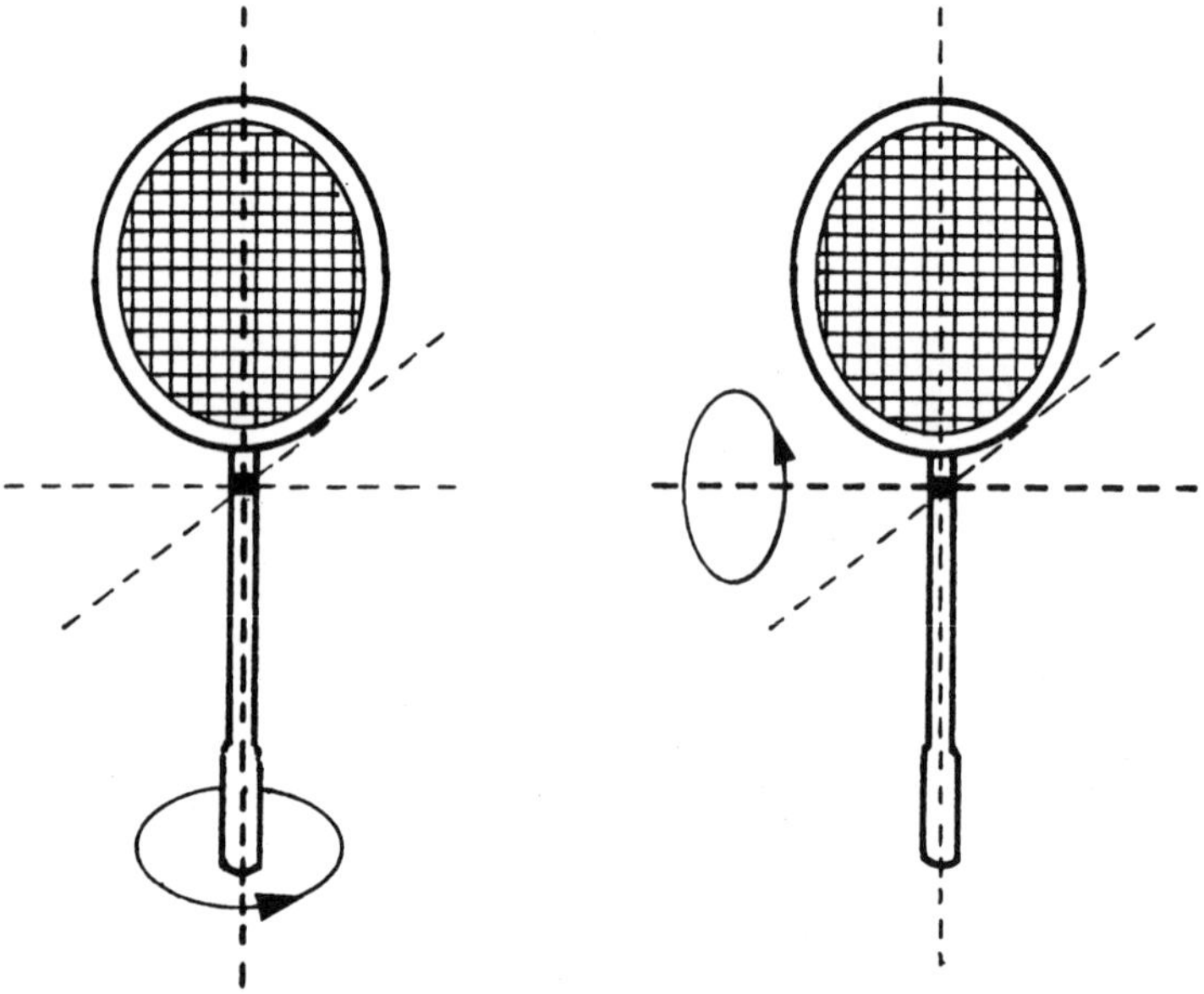

うな単純な物体がおもしろいだろう。テニスラケットはめずらしい形をしていて、まったく違う三通りの回転をする。ラケットを床に水平に置いて、重心を中心に回転させることができる。ラケットのてっぺんを下にして立たせ、柄をひねって回転させることができる。それに、柄を握り、空中に放り上げて宙返りさせ、戻ってきたラケットの柄をつかむこともできる。回転のしかたに三通りあるのは、空間には三つの方位があるからだ。それぞれの方位は、残りの二つの方位に対して直角で、ラケットは、いずれの方位の軸のまわりにも回転させることができ、いずれの軸を中心にして回転させても異なる動きを示す。それは、それぞれの軸を中心とした質量の分布が違っていて、そのために、それぞれの軸を中心とした運動の慣性が違うからだ。図はそのう

ちの二つの場合を示す。

これらの異なる運動には、驚くべき特性がひとつある。ラケットを三通りの方法で放り上げるとよくわかる。軸を中心とした運動のうち、慣性が最大か最小になる運動は単純だ。ラケットを地面に水平に置いたり、まっすぐに立てて回転させたりしても、そう変わったことは起こらない。ところが、その中間にある軸を中心にして回転させると、慣性が最大と最小の中間になり（図の右側）、変わったことが起こる。フライパンを持つように、ラケットの面が上を向くようにして柄を握る。表の面にチョークで印をつける。ラケットを放り上げ、三六〇度ぐるりと回転させ、また柄を持って受け止める。すると、チョークの印のついた面が、今度は下を向いている。

慣性が中間になる軸を中心にした回転は不安定になるのが鉄則だ。正確な中心線から少しでもそれると、ラケットは必ずひっくり返ることになる。ときにはそれが好ましい場合もある。体操選手が平均台の上で宙返りするとしたら、ひねりを加えるともっとすごい技に見える（得点も高くなる）。でも、不安定であるせいで、ひねりが加わってしまうこともある。

この不安定がもっと深刻な場合の例もある。数年前、国際宇宙ステーション（ISS）にロシアの補給船がドッキングのタイミングがずれてぶつかったときのことだ。ステーションは損傷を受け、その上、ゆっくりと回転し始めたのだ。数台の古い噴射装置に燃料が残っていたので、それらを噴射すれば、ステーションの回転を遅らせて通常の平衡状態に戻せるのではないかと考えられた。ただ問題は、ロケットをどのように噴射すればよいかということだ。どの方向にステーションを動かして、回転に対抗させればよいだろう。ステーションの損傷を受けなかった区域に閉じ込められたイギリス人宇宙飛行士のマイケル・フォールズが、ノートパソコンと地上との交信を頼りにこの問題の解決に当たった。突き止めなければならない最も重要な情報は、三つの軸を中心とした回転について、ステーションの三つの慣性がどうなっているかだった。噴射のしかたを間違えれば、ステーションが、中間の慣性の軸を中心に回転し始めることになるだろう。その結果、どうしようもない悲惨な状態を招くことになっただろう。テニスラケットが不安定性のためにひっくり返っても、当のラケットに悪影響は何もなかった。でも、宇宙ステーションがひっくり返ったら、ステーションはひきちぎられ、宇宙飛行士は全員死亡し、二五〇トンにも及ぶ死を招く恐れのある残骸が宇宙に散らばり、天文学的な経済的損失を被っただろう。NASAは、宇宙ステーションの三つの慣性について何も知らなかった。誰も、そんな知識が必要とは思いもしなかったのだ。それでフォールズは、まず設計図を見て、事故で発生した回転を修正するために、さまざまな方向にロケットを噴射するとステーションがどのように反応するかを計算しなくてはならなかった。幸いなことに、フォールズは、中間の軸を中心とした回転が不安定になることを知っていて、計算を正しくやりとげた。危険極まりない回転が修正され、宇宙飛行士の命が救われた。数学は、生と死を分けることもあるのだ。

72　荷物を詰める

旅行について　最初に必要と思うより、水は四倍、お金は二倍必要で、服は半分でいいことがわかってきたところです。

ギャヴィン・エスラー〔イギリスBBCニュース番組司会者〕

あるとき少年が、ねじ蓋のついた空っぽの大きなガラスの瓶を差し出された。箱一杯のテニスボールを渡され、これを瓶に入れるように言われた。少年はボールを何個か瓶に入れ、瓶を少し揺すぶってボールを動かし、もう一個を何とか押し込んでから蓋を閉めた。「瓶は一杯になったかな？」と訊かれ、「はい、一杯です」と答えた。だが、今度は箱一杯のビー玉を渡され、瓶の中にもう少し入れられないかと言われた。少年は蓋を開け、テニスボールの間にかなりの数のビー玉が入りそうだと判断した。何度か瓶を揺すぶって、ビー玉がすき間に入るようにした。ついにはビー玉がそれ以上入らなくなり、少年は、瓶はこれで一杯になったと知らせた。すると先生は袋一杯の砂を取り出し、これで瓶を一杯にするように少年に告げた。少年はまた蓋を取り、瓶の口から砂を注ぎ込んだ。今回はあれこれいじくる必要はなく、瓶を数回慎重に揺すぶって、テニスボールとビー玉の間にあるすき間に砂が行き渡るようにした。しまいにこれ以上砂が入らなくなり、蓋を閉め直した。瓶は確かに一杯になった！

この話から学べる教訓がいくつかある。もしも少年が最初に砂を渡され、瓶を一杯にするように言われていたら、後からビー玉やテニスボールを入れる余地はまったくなかっただろう。もしも入る余地があれば、まずは一番大きい物から始めるべきだ。もっと身近な荷造りの問題にも同じことが言える。たくさんの荷物を車に積み込まないといけないなら、全部が収まる可能性を最大にするために、まずどこから始めればよいか知りたいものだ。先ほどの話から、まずはいちばん大きい物を入れ、それから次に大きい物を入れ、そうして最後にいちばん小さい物を入れるのがよいことがわかる。

もちろん、詰め込もうとしている物の形も影響する。全部同じ大きさという場合も多い。お菓子や小さな形の食品を作る側なら、瓶やその他の大きな容器にできるだけたくさん詰め込むには、食品をどういう形にすればよいか、知りたいだろう。長い間、キャンディーのような小さい球状がいいと考えられていた。小さな球をたくさん入れれば、ぎっしりと詰め込まれた球と球の間の空間が最小になると思われていた。おもしろいことに、結局これは最適な形ではないとわかった。お菓子が、ミニチュアのラグビーのボールやアーモンドのように、小さな楕円体の形をしていたら、残される空間がもっと少なくてすむ。だからスマーティーズ〔イギリス製のチョコピーナッツ菓子〕やM&Mチョコレートなら、どんな球体の物の集まりよりも、効率よく容積を占めることができるのだ。球体の場合には、空間の三六パーセントが余るが、短軸と長軸の比が一対二の楕円体なら、余る空間は三二パーセントだけですむ。こうした一見するとささいな事が、廃棄物を減らしたり、輸送費を節約したり、不必要な包装をなくしたりといった、ビジネスの効率化や製造業の業務に重要な影響を多数およぼしている。

73 またもや荷造り

荷造りは終わり、あとはもう行くだけ
ジョン・デンヴァー〔カントリー歌手〕

前の章にあった瓶に物を詰める問題は、ごく簡単な例だった。まずはいちばん大きい物から入れて、順番に小さい物へと進んでいく。実際には、この問題はもっと対処が難しい。たくさんの箱に、いろいろな大きさの商品を詰めないといけない場合もあるだろう。いろいろな大きさの商品を複数の袋に分けて入れ、なおかつ使う袋の数を最小限にするにはどうすればいいだろう。それに、「荷造り」といっても、空間に詰めるだけでなく、時間内に詰めることも求められるかもしれない。大きなコピーショップを経営していて、お客から依頼のあったサイズのまちまちな、さまざまな文書のコピーを一日中とっているとしよう。一日の仕事をすべて片づけるために必要なコピー機の総数を最小にするには、いろいろなコピー作業をそれぞれのコピー機にどう割り当てればいいだろうか。

これらはみな、詰める商品の数とそれらを入れる「箱」の数が大きくなると、コンピュータでも解くのに時間が非常にかかる種類の問題だ。

最大で一〇単位分の荷物が入る大きな箱があり、いろいろな大きさの荷物が二五個与えられ、効率を最大限にして、使う箱の数が最小になるように詰めていくと考えよう。個々の荷物の大きさは以下のようになっているとする。

6,6,5,5,5,5,4,3,2,2,3,7,6,5,4,3,2,2,4,4,5,8,2,7,1

まず、荷物はコンベヤーベルトで運ばれてくるので、分類してまとめることはできない。荷物がくるごとにひとつずつ箱に入れていくしかない。最も簡単な戦略をとるなら、最初の箱にどんどん荷物を入れていき、荷物が入らなくなったら、次の箱に入れればよい。箱は順次運ばれていってしまうので、前の箱に戻って空いたスペースに荷物を入れることはできない。この戦略は「ネクストフィット」法と呼ばれたりする。どのように箱に入れていくかを説明しよう。左の荷物から始めて、新たな箱を必要に応じて追加していく。六単位分入りの荷物が一番の箱に入る。次の六単位分の荷物はそこには入らないので、二番の箱に入れる。五単位入りの荷物は二番の箱には入らないので、三番の箱に入れる。その箱に次の五単位の荷物を追加し、その次とそのまた次の五単位分の二つの荷物が次の四番の箱に一緒に入る。先ほどの順番に並んだ荷物が、「ネクストフィット」法に従えば最終的にどのように箱に入るかを以下に示そう。

[6], [6], [5,5], [5,5], [4,3,2], [2,3], [7], [6], [5,4], [3,2,2], [4,4], [5], [8,2], [7,1]

箱は一四個使い、そのうちの三個だけが一杯になった([5, 5]が二個と[8, 2]が一個)。一杯になっていない箱の空きスペースを合計すると、4＋4＋1＋5＋3＋4＋1＋3＋2＋5＋2 ＝ 34 となる。無駄になるスペースが大量に出てくるのは、前に戻って、前の方の箱の空きスペースに荷物を入れることができないからだ。荷物がまだ入る箱の中で最初にきていたものに荷物を入れてもいいという戦略をとれば、どれくらい改善されるだろうか。この戦略は「ファーストフィット」法と呼ばれたりする。「ファーストフィット法」に従い、前と同じく、六単位と六単位の場合は別々の箱に入れ、五単位と五単位なら同じ箱に入れる。ところが次にくるのが四単位なので、六単位が入った一番の箱に入れられる。次は三個入りなので、六単位の入った二番の箱に入る。それから二単位の荷物を二つと三単位の荷物ひとつを五番の箱に入れてというようにしていって、最後は、一単位の荷物を二番の箱に入れて一杯にしておしまいとなる。最終的に荷物はこのように割り振られる。

[6,4], [6,3,1],[5,5],[5,5],[2,2,3,3],[7,2],[6,4],[5,2,2],[4,4],[5],[8],[7]

「ファーストフィット」法は、「ネクストフィット」法よりもかなりうまくいった。箱は一二個だけですんだし、無駄になったスペースは、1＋1＋2＋5＋2＋3 ＝ 14 に減った。六個の箱を一杯にすることもできた。

さらに、この荷造り問題をもっとうまく解けないか考えよう。後に大きな荷物が残っていると無駄なスペースが生じる傾向にある。前の方の箱に残っているスペースはみなその頃には小さくなっているので、新たな荷物それぞれに新たな箱を使わないといけない。サイズの大きい物から小さい物へと荷物を並べ変えることができたら、明らかにもっとうまく解決できるだろう。空港の荷物運搬ベルトから出てくる荷物が相手となると、この方法がとれるとは限らないが、これが可能な場合ならどれくらい有効かを見てみよう。

先ほどの荷物を、サイズの大きい物から小さい物へと並べ替えると、次のような新しいリストができる。

8,7,7,6,6,6,5,5,5,5,5,4,4,4,4,3,3,3,2,2,2,2,2,1

ここで、並べ替えの済んだリストを対象に以前の「ネクストフィット」法を試してみよう――これを「並べ替え済みネクストフィット」法と呼ぶ。最初の荷物六つはすべて別々の箱に入り、五単位の荷物を二つ一組で三つの箱に入れる。結果はこのようになる。

[8],[7],[7],[6],[6],[6],[5,5],[5,5],[5,5],[4,4],[4,4],[3,3,3],[2,2,2,2,2],[1]

最後が残念だった！　最後の一単位の荷物ひとつを入れるためだけに、新しい箱を使わないといけなくなった。「並べ替え済みネクストフィット」法では、結局はまた一四個の箱が必要で――並べ替えなしの場合と同じ――無駄なスペースもまた三四だった。これはまったく並べ替えなしのネクストフィット法の場合と変わらない。しかし、最後の荷物がなかったら、「ネクストフィット」法では一四個の箱が必要だが、「並べ替え済みネクストフィット」法では一三個の箱ですんだだろう。

　最後に、「並べ替え済みファーストフィット」法ではどうなるか見てみよう。またもや、最初の六つの荷物が別々の箱に入り、五個入りの六つの荷物が新たに三個の箱に入る。だが、ここから、並べ替えが真価を発揮する。四個入りの荷物三つが、六個入りの荷物が入っている箱にそれぞれ入り、残りのひとつの四個入り荷物が新しい箱に入る。残りの荷物がうまくすき間に収まり、スペースが余るのは最後の箱だけになる。


[8,2],[7,3],[7,3],[6,4],[6,4],[6,4],[5,5],[5,5],[5,5],[4,3,2,1],[2,2,2]

　箱を一一個使い、無駄になったスペースは最後の箱の四しかない。これまでの戦略のどれよりも優れた結果なので、これがありうる最善の結果かどうかを調べてみたい。一一個より少ない数の箱ですむような戦略は他にあるだろうか。そういう戦略はないことは簡単にわかる。すべての荷物の大きさの合計は、$8\times1+7\times2+6\times3+\cdots+2\times5+1\times1=106$だ。それぞれの箱には合計一〇の大きさの荷物しか入らないので、すべての荷物を収めるには、少なくとも$\frac{106}{10}$、つまり一〇・六個の箱が必要になる。だから、箱が一一個より少なくてすむことは決してなく、無駄になるスペースはつねに四以上ある。

　この事例では、「並べ替え済みファーストフィット」法を使ってありうる最善の解決策を見つけ出した。前章で取り上げた、三種類の大きさの物を瓶に入れるというとても単純な問題に戻ってみると、実は「並べ替え済みファーストフィット」法を使っていたことになる。最初に大きな物を入れてから、小さな物を入れたからだ。残念ながら、物を詰める問題は、みながみなこれほど簡単とは限らない。一般的には、任意の種類の物が集まった荷物を最小限の数の入れ物に詰める最善の方法をコンピュータが手早く見つける方法はない。箱が大きくなり、荷物の大きさの種類が増えるにつれ、問題は計算機の処理として非常に難しくなり、最終的には、荷物の数があまりに大きくなり、大きさの種類が多くなりすぎると、一定の時間内でコンピュータが最善の割り振り方を見つけることができなくなる。この章の問題でも、「並べ替え済みファーストフィット」法は次善の策にすぎないとみなす考え方もある。荷物を並べ替える――この方法の効率をよくするもの――のに時間がかかるからだ。荷物を入れ物に詰める時間も考慮に入れるなら、使う入れ物の数を少なくしても、費用を最も少なくする答えにはならないだろう。

74　臥せる虎

虎よ！　虎よ！
赤々と燃える夜の森の

ウィリアム・ブレイク〔イギリスの詩人〕

最近、サンフランシスコ動物園で悲劇が起こった。体重一三五キロと小柄な（！）雌のシベリア虎、タチアナが、囲いの壁を跳び越えて、見物人ひとりを殺し、二人に重傷を負わせたのだ。動物園職員は囲いの高い壁を虎が跳び越えられたという事実に驚いていたと報じられた。「あれを跳んだことになりますね。どうしたらあそこまで高く跳べるのか、びっくりしました」と、園長のマヌエル・モリネドは言う。ただし、虎の囲いは当初、高さ五・五メートルと説明されたが、後に三・八メートルしかなかったことが判明した。アメリカ動物園水族館協会が推奨する安全基準の五メートルよりもかなり低い。でも、基準内なら安全なのだろうか。虎は、どれだけ高く跳べるのだろう。

壁は、幅一〇メートルの空堀で囲まれていたので、この囲いの中の虎に立ちはだかる関門は、水平距離を助走して、壁から一〇メートル以上離れた地点で踏み切り、三・八メートルの高跳びをすることだった。虎は、平らな短い距離を走るだけで、秒速二二メートル以上の最高速度に達することができる。五メートル助走すれば、踏み切り時には簡単に秒速一四メートルの速度になる。

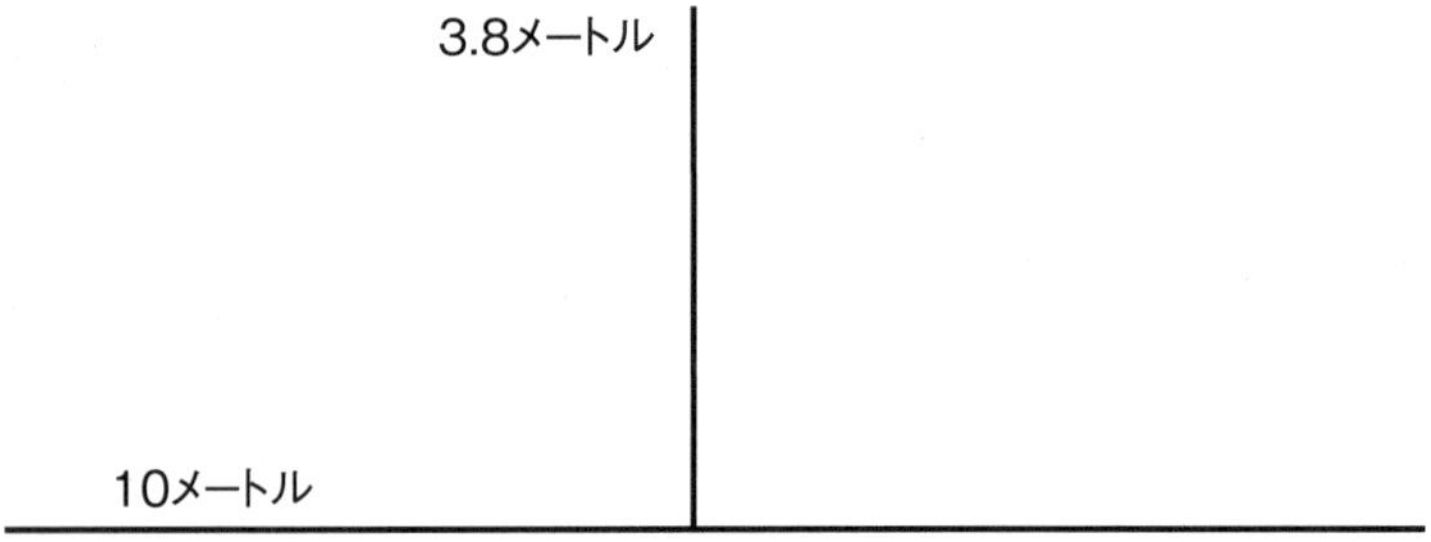

問題になるのは、発射体をどう打ち上げるかということだ。発射体は、放物線状の経路をたどって最大高度に達し、それから降りてくる。壁から距離xにある発射地点から、垂直高さhに達する最小の発射速度Vは、次の公式で与えられる。

$$V^2 = g(h + \sqrt{h^2 + x^2})$$

このgは、地球の引力による加速度で、$g = 10$（m/s^2）となる。この式が成り立つことを示す特徴をいくつか見てみよう。引力が強くなれば（gが大きくなれば）、跳躍しにくくなり、最小の発射速度Vの値を大きくしなければならない。同様に、壁の高さhの値が大きくなったり、踏み切り地点までの距離xの値が大きくなったりすると、壁を跳び越えるのに必要な発射速度の値が大きくなる。

先ほどのサンフランシスコ動物園の虎の囲いの作りを見てみよう。壁の高さは三・八メートルだが、シベリア虎の体は大きく、肩の高さが約一メートルはあるので、壁をきれいに跳び越えるには重心が約四・三メートルを通過しなければならない*（虎が壁にしがみつき、よじ登って乗り越えるという可能性は無視することにする——ただしこれはありそうなことだ）。そうすると、$V^2 = 9.8(4.3 + \sqrt{(18.5 + 100)}) = 148.97(m/s)^2$ となり、V は秒速一二・二メートルとなる。

この速度は虎が出しうる発射速度の範囲内なので、虎は確かに壁を跳び越えられたと思われる。壁の高さを五・五メートルまでに上げれば、壁を飛び越えるには虎は重心を六メートルまで持ち上げないといけないため、秒速一三・二メートルで跳び上がらなければならない。園長が言う通り、事故が起こったのだから、「当然、もとの設計の高さに戻そうと思う」のが正しい。

＊　こういう問題では、発射体は、無視できる程度の大きさで、質量が重心（いわゆる「質点」）に集まっているとみなされる。もちろん、虎はかなり大きく、決して点などではない。しかし、そこは無視して、質量全体が重心に位置するかのように扱う。

75　どうして豹にまだらがついたのか

するとエチオピア人が五本の指を丸くまとめ……豹の体じゅうに押しつけた。五本の指が触ったところには小さな五つの黒い印が残される……ときおり指がすべり、印が少しにじむ。でもどんな豹でも近くで見れば、必ず五つの斑点がひとまとまりになっているのがわかるだろう――五本の黒い指先でつけた点だ。

ラドヤード・キプリング「どうして豹にまだらがついたのか」

動物の斑紋、とりわけ大型のネコ科の動物のものは、生き物の世界で見られる中でこの上なく見事なものだ。こうした斑模様は決してランダムではないし、カモフラージュのためだけに定まったものでもない。特定の色素の存在を促進したり阻害したりする活性化因子や抑制因子が、動物の胚の中を流れる。その流れ方は単純な法則に従って、化学反応によって生産される色素の量と、色素が皮膚に広がる速さに応じて地点ごとの色素の濃度を定める。その結果、信号が波のように広がり、色ごとに色素を活性化させたり抑制したりする。そこで起こる作用は、動物の体の大きさや形、パターンの波長など、いくつかのことに左右される。広い範囲の表皮を見れば、こうした波の山と谷から、さまざまな色の山と谷からできた規則的なネットワークが作られているのがわかるだろう。山ができるのは抑制傾向が失われるからで、対照的な色を背景にしたはっきりとした縞や斑点ができる。ある特定の場所に起こりうる最大の濃度に達すれば、それ以上集まっても結局は周囲に広がらざるをえず、斑点は溶け合い、斑模様や縞模様になる。

動物の体の大きさは重要だ。ごく小さい動物なら、体表には色素を活性化する波の山と谷が多数入る余地がなく、一色になったり、あるいはハムスターのような雑色になったりするだろう。象のように巨大な動物だと、波の山と谷の数がとても多くなり、全体的には単色に見える。大と小の間には、もっと多様な相違があり、それも動物どうしの違いや、一個の動物の体の中での違いもある。たとえばチータは、胴体には斑点があるが、尾は縞模様になっている。波は、チータのおおむね円柱形をした大きな胴体に沿って広がり、はっきりとした山と谷を作るが、細長い円柱形の尾まで行くと、波どうしがもっと密になって溶け合い、縞に見えるようになる。こうした傾向から、動物の体における色の濃度波のふるまいから推測される、とても興味深い数学の「定理」ができる。それに曰く、斑点のある動物は縞模様の尾をもつことがあるが、縞模様の動物の尾には、斑点はできない。

76　群衆の狂気

未来は群衆のものだ。

ドン・デリーロ『マオII』

スポーツの試合とか、ポップミュージックのコンサートとか、デモ行進とかで、膨大な数の群衆の中に身を置いたことがあれば、人間の集団行動にある奇妙な特徴のいくつかを体験したり目撃したりしたことがあるかもしれない。群衆は、全体としてまとまって組織されてはおらず、誰もが隣の人のように反応しているだけだ。いっぽう、群衆の中のまとまった数の人たちが突然行動を変え、惨事につながることもある。おとなしく行列を作って進んでいた人々が、パニックに陥り、四方八方に動こうとしてぶつかり合うこともある。こうした動きの作用を理解することは重要だ。群衆のそばで火事が起こったり爆発が起きたりすれば、みんなどのように行動するだろう。大きなスタジアムでは、避難経路や一般出口をどのように設計するのがよいだろう。人が密集しすぎていると、パニックが発生した場合、みんなどっと逃げ出そうとするものだ。メッカを目指す何百万人ものイスラム教徒の巡礼者の例では、過去に数百人規模の死亡事故が起こっているが、これを繰り返さないためには、巡礼者たちをどのように制御すればよいだろう。

群衆の行動と制御についての最近の研究に見られる興味深い考え方のひとつに、群衆の流れを液体の流れにたとえたものがある。ある状況に対してありうる反応が違い、年齢も、置かれた状況についての理解の程度も異なる、さまざまな人からなる群衆を理解しようなどというのは、一見すると絶対に無理なように思えるが、意外なことに、実はそうではない。人々は、私たちが想像するよりも、互いによく似ているのだ。その場その場で単純な選択をすれば、混雑した状況にただちに秩序が行き渡ることもある。ロンドンの大きなターミナル駅に到着し、地下鉄に向かおうとすると、エスカレーターで下に降りる人たちは左側（あるいは右側）の列に並び、上に上がる人たちは反対の列に並んでいるのが目に入る。改札口への通路では、群衆は、反対の方向に進む二つの流れに自然に分かれる。誰もこうしたことを計画したわけでも、そうしろと張り紙をしたわけでもない。一人ひとりが、近くの人たちのようすから手掛かりを得た結果、自然と起こったことなのだ。つまり人々は、ごく近くにいる人たちの動きや、どの程度混雑しているかに応じて行動している。ただし混雑に対する反応は、人によって大きく変わってくる。押し合いへし合いする周囲の群集に対する反応は、東京で毎日ラッシュアワーの電車に乗っている日本人ビジネスマンと、スコットランド諸島から出てきた観光客や、ローマから来た生徒の団体とでは、まったく違っているだろう。ふだん幼い子やお年寄りの世話をしている人の動き方も違う。相手のそばから離れず、見失わないようにするだろう。こうしたあらゆる変数をコンピュータに教え込み、群衆がさまざまな種類の空間に集まるとどうなるか、新たな圧力がかかったときに人々がどう反応するか、シミュレートできる。

群衆は、まるで流れる液体のように、三段階の行動をとるようだ。群衆がそれほど大規模でなく、その動きが一定して一方向に向かっている――サッカーの試合が終わってウェンブリースタジアムから出てきた群衆が地下鉄のウェンブリーパーク駅に向かうような場合――なら、群衆は、滑らかに流れる液体のような行動をとる。いつでもだいたい同じ速さで動き続け、途中で止まってはまた動き出すようなことはない。

しかし、群衆の密度が著しく増すと、人々は互いに押し合いを始め、さまざまな方向への動きが始まる。全体的な動きはもっと断片的な感じになり、止まったり動いたりを繰り返し、まるで次々とうねりが進んで行くようになる。群衆の密度が徐々に増すにつれて進み方が遅くなり、横方向に行った方が速いと人々が感じれば、そういう行動も生じるだろう。これはまさに、のろのろ渋滞の道路で、車が車線変更するのと同じ心理だ。いずれの場合でも、そうした行動で、混雑の中にさざ波が生じ、ある人は動きが遅くなったり、またある人は横に動いて誰かを列に入れたりする。こうした断片的な波が、群衆の中で何度か続いて生じる。このこと自体は危険とは限らないが、突然もっと危険なことが起こりうることの兆候となる。

群衆の混雑度が高まるほど、各自がスペースを確保しようといろいろな方向に動こうとするので、まるで流れる液体に乱流が生じ始めるように、人々の行動はさらに混沌としてくる。隣の人たちを押したり、自分のスペースを確保しようともっと乱暴に動いたりする。このために人が転倒して、もっとぎゅうぎゅうに押され、息がしにくくなったり、子どもが親とはぐれたりする危険性が高まる。こうした作用は大きな群衆のいたるところで起こり、ただちに周囲に広がっていく。事態は急速に雪だるま式に進展して制御不能になる。転倒した人につまずいて、また人が転倒する。閉所恐怖症の人は、すぐにパニックを起こし、近くの人たちにいっそう乱暴に反応する。何らかの組織化された介入をして、群衆をいくつかに分け、密度を減らさないと、惨事は間近に迫ってくる。

歩行者がスムーズに流れている状態から、断片的な動きが生じ、混乱状態へと移行するには、群衆の規模によって、数分から三十分くらいかかる。ある特定の群衆に危険が生じるか、そうなるとすれば、それはいつになりそうかを予測するのは不可能だが、おおまかな行動を監視すれば、群衆の中の複数の場所に断片的な動きへの移行が生じたときに、それを知ることは可能で、徐々に混乱に向かうような圧力のたまった場所で、混雑を緩和する措置をとることはできる。

77　ダイヤの達人

いつも、自分で買ったダイヤより、贈り物のダイヤのほうが、きらきらしているように感じるの。

メイ・ウェスト〔アメリカの女優〕

ダイヤモンドは、とてもすばらしい炭素の塊だ。天然の物質の中で最も硬い。

一方、ダイヤがもつ最もまばゆい性質は、光に関係している。ダイヤの屈折率は二・四で、水（一・三）やガラス（一・五）に比べて非常に高い。つまり、光線がダイヤに入るとき、とても大きな角度で曲がる（すなわち「屈折」する）ということだ。それよりなお重要なことに、表面に対して垂直から二四度以上離れた角度で当たった光線は、完全に反射され、ダイヤから出てこない。この角度はとても小さい。空気を通って水に当たる光の場合、この境目となる角度は垂直から約四八度で、ガラスに当たる場合には約四二度だからだ。

ダイヤはまた、極端な方法で色を分ける。通常の白色光は、赤、橙（だいだい）、黄、緑、青、藍、紫の光の波長のスペクトルで構成され、白色光が透明な媒体を通過すると、ダイヤの中で進む速さは波長ごとに違い、屈折する角度も違う（赤が一番角度が小さく、紫が一番大きい）。ダイヤでは、色の曲がる最大角度と最小角度の差――「分散」という――が非常に大きく、巧みにカットされたダイヤモンドの中を光が通過すると、さまざまな色がきらきらと光るあのすばらしい「光輝（ファイヤー）」が生まれる。これほどの色分散の威力をもつ宝石は他にない。宝石細工職人に課せられた仕事は、ダイヤを見る人の目の方へと反射する光が、できる限り明るくて色とりどりに輝くようにカットすることだ。

　ダイヤのカットは、何千年も昔から行われている作業だが、最適なカット方法とその理由について今ある知識に誰よりも貢献した人物がいる。マルセル・トルコフスキー（一八九九―一九九一）は、アントワープで、ダイヤモンドの細工と商売で有名な一家に生まれた。子どものころから頭がよく、ベルギーの大学を卒業後、工学を学ぶためにロンドン大学のインペリアル・カレッジに入った。* まだそこの大学院生だった一九一九年に、『ダイヤモンドのデザイン』という題の優れた本を出版した。そこでは、ダイヤモンド内部での光の反射と屈折の研究によって、最大の明るさと光輝をもたらす最適なカットが定められることが、初めて説明されている。トルコフスキーは、ダイヤモンド内部に入った光線がたどる経路を、正確に、かつ美しく分析し、新たなカットの種類「絢爛（ブリリアント）」（「理想的（アイデアル）」ともいう）を生み出すにいたった。これは、丸い（ラウンド）形のダイヤモンドで現在好まれるスタイルだ。ダイヤモンドの上部の平らな面にまっすぐ当たった光線の経路を研究し、光がダイヤの内側に、一回、二回と当たったときに、完全に内側へ反射するように、ダイヤ下部の傾斜角度を求めた。この角度では、入ってきた光のほとんどすべてが、ダイヤの正面からまっすぐに外に出るために、最も明るく輝いて見える。できる限り明るく輝いて見えるために、内側で反射して外に出る光線は、ダイヤから出る際に、垂直から大きく曲がってはいけない。次の三つの図では、カットの角度が大きすぎるものと小さすぎるものの光の反射具合を、最適なものと比較してある。最適な角度では、裏の面を通って屈折して通り抜け、背面反射を減らす光の損失

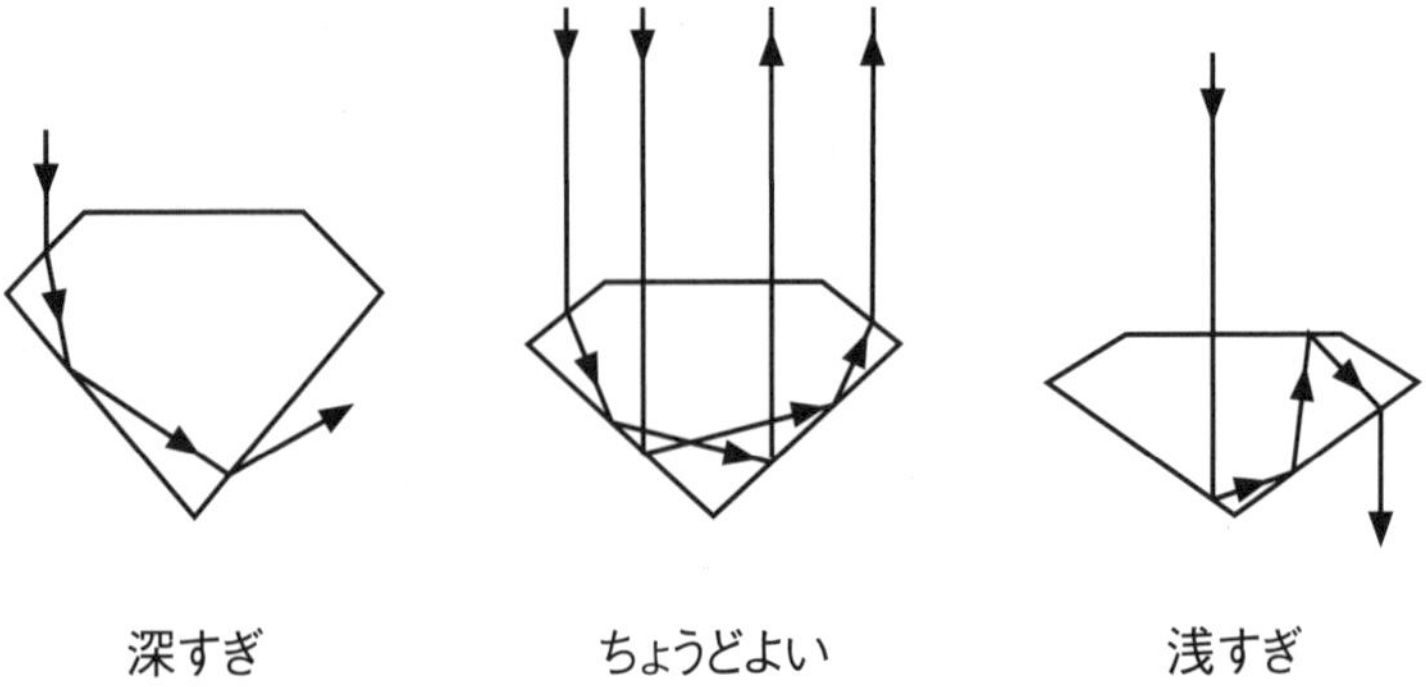

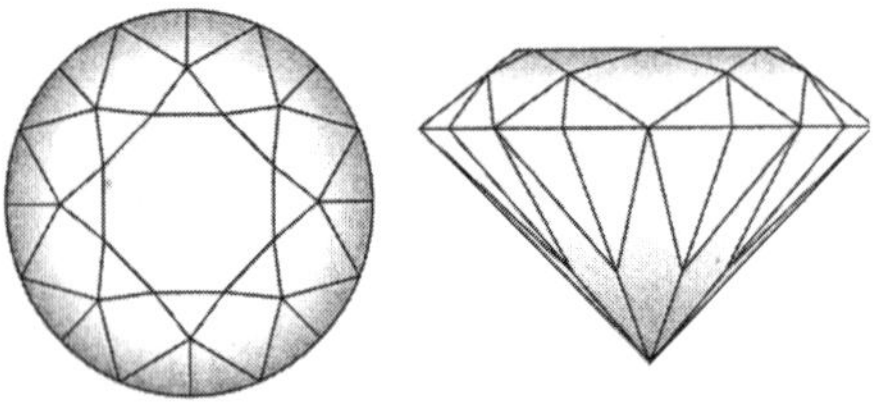

が避けられる。

トルコフスキーはさらに、反射された明るい輝きと、色のスペクトルの分散との間の最適なバランスを研究し、特別な光輝と、さまざまな面がもつべき最適な形を作り出した[20]。

簡単な計算で光線を分析した結果、五八の面をもつ美しい「ブリリアントカット」ダイヤモンドの作り方と、ダイ

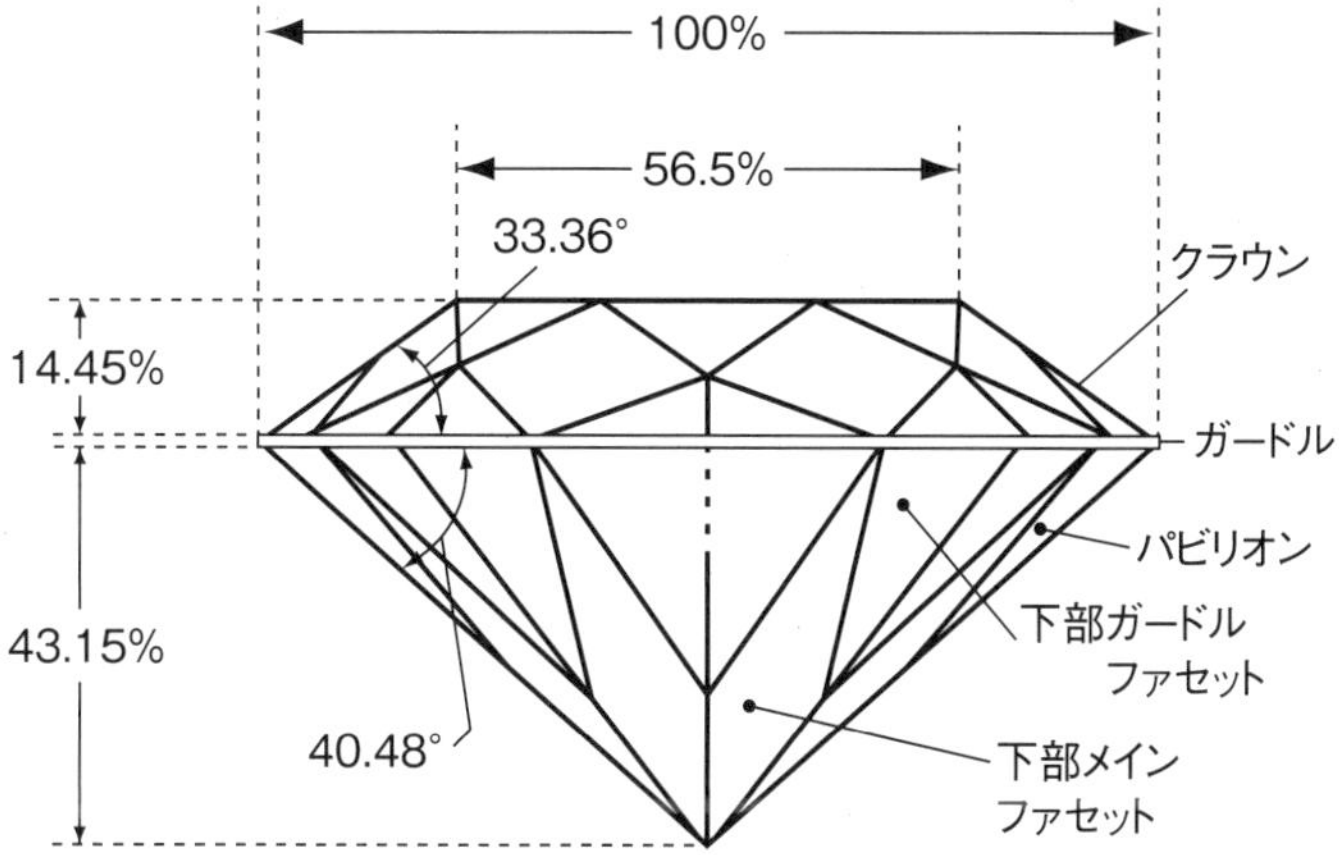

ヤを目の前で少し動かしたときに最も鮮やかな視覚的効果をもたらすのに必要とされる範囲に収まるような、一連の特別な比や角度が定められた。この図は、光輝と明るさを最適にする限られた範囲に収まる角度を使った理想的なカットとして、トルコフスキーが推奨する典型的な形だ。比の値は、ダイヤモンド各部（専門用語で示してある）の、ガードルの直径——これが全径となる——に対するパーセンテージで表している。**

＊　トルコフスキーの博士論文は、ダイヤモンドの外観ではなく、研磨についてだった。

＊＊　ガードルにわずかな厚みがあるのは、鋭い刃のような角ができるのを避けるため。

78 ロボット工学の三原則

それを食べると、目が開け、神のように善悪を知るものとなることを神はご存じなのだ。
創世記〔新共同訳〕

昨日、映画の『アイ、ロボット』を観た。偉大なSF作家アイザック・アシモフが書いたロボット小説にもとづいて作られたものだ。アシモフは一九四二年に、「堂々めぐり」という短編で、人間と高等なロボットが共存する未来図を描いた。人間が、誤ることのない有能なアシスタントに破壊されたり奴隷にされたりすることのないように、アシモフは「三原則」を打ち立てて、安全のために、すべてのロボットの電子頭脳にプログラムした。こうした原則をどう立てればよいか。これは興味深い問いだ。それは、テクノロジーの健全さや安全性にかかわる問題というだけではない。どうしてこの世には悪があるのか、そして、慈悲深い神は悪を阻止するために何か手だてを取っているのだろうか、などと考える人にとっては、さらに奥にある問題となる。

アシモフの当初の三原則は、熱力学の三原則にならって立てられている。

第一条 ロボットは人間に危害を加えてはならない。またその危害を見過ごすことによって、人間に危害をおよぼしてはならない。

第二条　ロボットは人間から与えられた命令に服従しなければならない。ただし、与えられた命令が第一条に反する場合は、この限りでない。

第三条　ロボットは、第一条および第二条に反する恐れのない限り、自己を守らなければならない。

後にアシモフは、これもまた熱力学法則にあるように「第零条」を追加して、第一条に先立つものにした。

第零条　ロボットは人類に危害を加えてはならない。またその危害を見過ごすことによって、人類に危害をおよぼしてはならない。

この条項が最後に加えられた理由を探すのは難しくはない。たとえば、狂った人物が世界を滅ぼすことになる核のボタンを押す権利をもっていて、ロボットだけがその人物を止められるような場合、第一条によって、ロボットが人類を守るように行動することが妨げられる。たとえ第零条が関わらないにしても、第一条にある、ロボットが「見過ごすことによって」という部分が問題になる。船が難破して、私と私のロボットが無人島に漂着し、壊疽にかかった私の足を切断しないと私の命が助からないとなったら、私のロボットは第一条を克服して足を切断できるだろうか。それに、陪審が有罪と認めた人間に刑罰を言い渡さないといけない法廷で、ロボットは裁判官の役割をこなせるだろうか。

これら四つの原則が電子頭脳にプログラムされたロボットが大量に作られたら、私たちは安心していられるだろうか。私はそうは思わない。すべてタイミングが問題になる。第零条が第一条に先立つということは、つまり、人が石油を浪費する自動車を運転しているからとか、ペットボトルを全部はリサイクルしていないからという理由で、ロボットに殺されるかもしれないことになる。ロボットは、その人の行動がこのまま続けば、人類を脅かすことになると判断を下しているのだ。ロボットは、世界の政治家たちについても、その一部には逆らうべきかどうかと心を悩ませるようになるかもしれない。人類のために行動するようにロボットに求めるのは、危険なことだ。ロボットは、定義されていない何かを探してくる。「人類のためになることとは何か」という問いに対する答えは一つだけではない。人類のためになるすべての行動と、人類に危害をおよぼすすべての行動のリストを表示するようなコンピュータは絶対に存在しない。あらゆる善とあらゆる悪を教えてくれるプログラムはないのだ。

第零条は、むしろないほうが安心かもしれない。それでもなお、どんなものであれ、危害を加えるような直接的な行動の危険にさらされる心配もある――そうしたものから人間を守るために第一条、第二条、第三条が作られたはずなのに。高等なロボットは複雑な思考をするだろう。ロボット自身についてや、私たち人間についてだけでなく、生命をもたない物について考えるだろう。つまり、ロボットが心理をもつことになるだろう。心理があるために、ロボットは、人間の場合と同じように、理解しがたいものになるかもしれない――それだけでなく、ロボットもまた、人間もその犠牲となっているような心理学的な問題に苦しむことになるかもしれない。人間が騙されて自分はロボットだと思い込むことがないとは限らないように、ロボットが自分は人間だと思うこともあるかもしれない。そういう状況では、ロボットは好きなようにふるまえる。ロボットの四原則が自分に適用されるとは、もはや考えないからだ。この問題と切り離せないのが、ロボットの心の中に宗教や神秘的な思想が発達することだ。そういう場合には、第三条はどうなるのだろう。守るべきロボットの自己とはどういうものになるのだろう。その物質的な構造だろうか。ロボットが自身にあるとみなしている魂だろうか。それとも、ロボットを作った者の頭の中にある、そのロボットについての「理念（アイデア）」だろうか。

こういう疑問を自分の中で問い続けることはできるが、プログラムに制約やルールを設けることで、人工知能の行く末を束縛するのはそう簡単なことではない。私たちが「意識」と呼ぶ「何か」が現れると、その行く末は予測不能になり、善と悪が生まれる可能性がとてつもなく大きくなる。それに、善と悪のどちらかだけというのはなかなかない——実際、ちょっと、実際の生活に似ている。

79 型を破って考える

考えるくらいなら死んだほうがいいという人がたくさんいる。実際、たいていの人がそうなっている。

バートランド・ラッセル〔イギリスの哲学者・論理学者〕

ついいつも、問題について決まった考え方をしてしまいがちだ。そこから抜け出して、「想像力」に富んだ独創性のある解き方をするには、すでに習った原則を正しく使うだけではない、違った考え方をする必要があるだろう。一定のルールを間違いなく当てはめていけばよい簡単な問題なら、たいてい原則に頼るだけでやっつけられる。たとえば、三目並べなら、先攻でも後攻でも絶対に負けることはない。最悪でも引き分けという戦略があるからだ。しかも相手がこの最適な戦略を取らなければ、こちらが勝つ。でも残念ながら、すべての問題が、三目並べの最適な手を見つけるくらい簡単なものとは限らない。解法を知るとたいてい必ずびっくりするような簡単な問題の例を挙げよう。

九つの点でできた三×三の正方形を書く。鉛筆をもち、鉛筆を紙から離したり、引いた線を後戻りしたりせずに、すべての点を通る四本の直線を引く。

次は失敗例だ。左端の中央にある点がもれている。

次も失敗例。これも点が一つもれている。まん中にある点を通っていない。

そんなことは無理そうに見えてくるではないか。引いた線を後戻りしていいのなら、四本の直線で仕上げることはできる。対角線を引き、行ったり来たりしながら、それに交差する線を引いていくのだ。

でも、できあがりには四本の線しか見えなくても、こうするには、四本よりもずっとたくさんの線を引かないといけない。

鉛筆を紙から離したり、引いた線を後戻りしたりせずに、すべての点を通る四本の直線を引く方法はある。でもそうするには、まったく根拠なしに自分自身に課してしまっていたルールを破らないといけない。そのルールは、最初に提示された制約には入っていない。ある種のルールに従って問題を解くのに慣れきっているので、型を踏み外してルールを破ろうと思いつかないのだ。この問題を解くには、九つの点でできた型から外れて（文字通り）直線を引き、方向転換をしていくだけでよい。

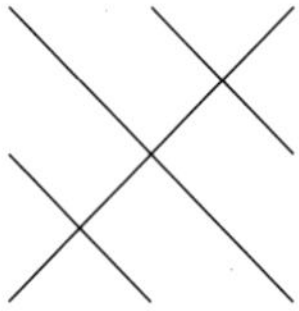

型を破って考えよう！

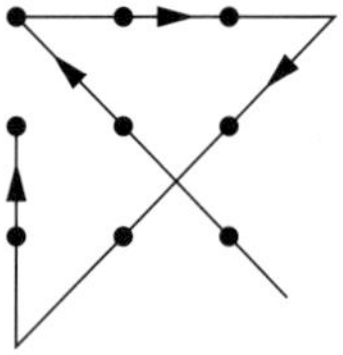

80 グーグル方式のワールドカップ——行列の威力

クリケットとは、規則に従ってだらだらと過ごすことだ。
ウィリアム・テンプル〔イギリスの大主教〕

たいていのスポーツではリーグの成績表が作られていて、全部の参加チームが対戦を終えた後にどこが一位かがわかるようになっている。勝ち負け引き分けにどのように点をつけるかで、どこがトップになるかが大きく変わってくる。数年前、サッカー協会が、もっと積極的なプレーを引き出すことを期待して、勝ち点をそれまでの二ではなく三にした。両チームに勝ち点一ずつだけの引き分けよりも、勝った方がずっと点がもらえる。でもどうやら、この単純な方式はけっこう粗雑らしい。あれこれ考えると、リーグ最下位のチームに勝ったときよりも、トップのチームに勝ったときの方が、勝ち点を多くすべきではないだろうか。

二〇〇七年カリブ海クリケット・ワールドカップが好い例だ。試合の第二ステージでは、トップ八チームが総当たり戦をする（実際は、すでに第一ステージで対戦した分は持ち越されるので、各チームはあと六試合戦うだけでよい）。勝ち点は二、引き分けは一、負けたらゼロとなる。上位四チームが、トーナメント方式の準決勝に進出できる。四チームが勝ち点で並んだ場合には、全体の得点率によって順位がつけられる。成績表は次のようになる〔純得点率は得失点差と平均得点率を組み合わせたような指数〕。

トップ8チームの戦績

チーム	試合数	勝ち	引き分け	負け	純得点率	得点
オーストラリア(A)	7	7	0	0	2.40	14
スリランカ(SL)	7	5	0	2	1.48	10
ニュージーランド(N)	7	5	0	2	0.25	10
南アフリカ(SA)	7	4	0	3	0.31	8
イングランド(E)	7	3	0	4	-0.39	6
西インド諸島(W)	7	2	0	5	-0.57	4
バングラデシュ(B)	7	1	0	6	-1.51	2
アイルランド(I)	7	1	0	6	-1.73	2

一方、強いチームに勝つ方が弱いチームに勝つよりも勝ち点が多くなるような、別のランキング方式を考えてみよう。負かした相手チームが得ている勝ち点と等しいポイントを、勝ち点として各チームに与える。引き分け試合はなかったので、これについては考えなくてすむ。合計得点は、八つの方程式を並べた形になる。

$$A = SL + N + SA + E + W + B + I$$

$$SL = N + W + E + B + I$$

$$N = W + E + B + I + SA$$

SA = W + E + SL + I

E = W + B + I

W = B + I

B = SA

I = B

このリストは、リスト $\boldsymbol{x}$ = (A, N,W, E, B, SL, I, SA) に対して $P\boldsymbol{x} = k\boldsymbol{x}$ の式をもつ行列方程式として表される。k は定数で、P は8×8の行列、0が負け、1が勝ちを表す。

	A	N	W	E	B	SL	I	SA
A	0	1	1	1	1	1	1	1
N	0	0	1	1	1	0	1	1
W	0	0	0	0	1	0	0	0
E	0	0	1	0	1	0	1	0
B	0	0	0	0	0	0	0	1
SL	0	1	1	1	1	0	1	0
I	0	0	1	0	1	0	0	0
SA	0	0	1	1	0	1	1	0

方程式を解いて各チームの勝ち点合計を知り、このふつうとは違う勝ち点方式での順位を出すために

は、それぞれの欄がすべて正の数かゼロという行列Pの固有ベクトルを見つけないといけない。そうした解のそれぞれについて、kが特定の値をとる必要がある。このことは、すべての得点が正の数（あるいは全試合に負けたらゼロ）のリスト$\boldsymbol{x}$についての解について言える。ここで説明している状況についても、当然ながらそうでなくてはならない。この行列をいわゆる「正規化」された固有ベクトルを求めて解くと、次のようになるのがわかる。

$$\boldsymbol{x} = (A, N, W, E, B, SL, I, SA) = (0.729, 0.375, 0.104, 0.151, 0.153, 0.394, 0.071, 0.332)$$

チームのランキングは、得点の大きさによって決まる。オーストラリア（A）が〇・七二九で第一位、アイルランド（I）が〇・〇七一で最下位になる。この順位をもとの成績表と比べるとこのようになる。

トップ8の順位	私による順位
A	A 〇・七二九
SL	SL 〇・三九四
N	N 〇・三七五
SA	SA 〇・三三二
E	B 〇・一五三
W	E 〇・一五一

IB　W〇・一〇四
I　〇・〇七一

準決勝に進出する上位四チームは、どちらの方式でもまったく変わらないが、下位四チームのうちの三つはかなり違ってくる。バングラデシュは一試合に勝っただけなので、勝ち点はわずか二で、ワールドカップの戦績表では最下位から二番めに終わった。私の方式では、バングラデシュは五位に上がっている。勝った相手が、順位の高い南アフリカだったからだ。イングランドは実際には二試合に勝ったが、下位の二チームが相手だったので、バングラデシュの下に収まる（差をつけるには〇・一五三対〇・一五一のように小数点以下第三位まで出す必要がある）。西インド諸島は、ふつうの方式なら六位だが、私の方式では残念ながらひとつ順位を下げる。

このランキング方式は、グーグルの検索エンジンの基礎に使われている。チームiとチームjの対戦結果の行列は、トピックiとトピックjの間に存在するウェブリンクの数に相当する。ある言葉について検索すると、グーグルが所有する膨大な計算能力で「勝ち点」の行列が作られ、行列方程式を解いて固有ベクトルが求められ、検索されている言葉に「ヒット」するウェブページのリストがランク付けされて出される。今もまだ、魔法のように思えるけれど。

81　損失回避

理論では、理論と実践には違いはない。
実践では、両者には違いがある。

ヨギ・ベラ〔往年のメジャーリーグの捕手〕

損をする可能性と得をする可能性とでは、人の反応はまったく違うらしい。意思決定ということになると、損得に対する人間のふるまいが対称的ではないことに、経済学者たちは長年かけてようやく気づいた。私たちは、生まれつきリスクを嫌い、もうけが大きくなるように努力するよりも、わずかな損を避けようと必死になる傾向にある。「損失回避」とは、たとえば、道で五〇ポンド札を落としたときの落胆のほうが、五〇ポンド札を見つけたときの喜びよりも大きいといった意味の言葉だ。列車の切符を買うときに一〇パーセントの割引を利用するよりも、一〇パーセントの燃料サーチャージを払わなくてすむほうが気分はいいものだ。

商人が露店で品物を売っているとしよう。毎日の収入目標額を決め、売上がその額に達するまで働くことにする。どんなことになるだろう。商売がうまくいくときには、売上目標をすぐに達成して早く家へ帰る。商売がうまくいかないときには、目標に達するために、ずるずると遅くまで働く。これは理屈に合っていない。目標額を下回るのを避けるために遅くまでずっと働くのに、需要が大きい機会をとらえて遅くまで働くことはしない。これは、損を嫌う心理の典型例だ。
人によっては、この類のふるまいはただ不合理なだけだと言うだろうが、これには根拠はない。むしろ、損と得の重みは、現在もっている金額に対して対称的とは限らない。全財産が一〇万ポンドなら、一〇万ポンド得するのは大歓迎だが、一〇万ポンド損をするのはもっと必死に避けるべきだ。それだけ損をしたら、破産してしまう。損をするかもしれないという思いは、もしかしたらもうかるという思いよりも重い。

ときに、実際には違いは存在せず、見かけ上の違いなのに、単にそれをどう受け止めるかという心理によって、決断が変わってくることがある。たとえば、英国環境庁が、変則的な高潮が海岸沿いの家屋に与える被害を食い止めるための計画を作成しなければならず、一〇〇〇戸が損壊する恐れのある高潮が発生すると予測しているとしよう。環境庁は、二つの計画のうちどちらを選ぶかを人々に問いかける。プランAでは、全資金を使って一箇所に堤防を建設し、二〇〇戸を守ることにする。プランBでは、資金をもっと多方面に使い、五分の一の確率で*全一〇〇〇戸を損壊から守る。この選択を迫られると、ほとんどの人は、確実で積極的な印象を受けるプランAを選ぶ。

では、環境庁が新しい広報担当者を起用して、この担当者が、二つのプランを違った形で提示しようとしているとする。今回は、八〇〇戸が損壊するに任せるというプランCと、五分の一の確率で一世帯も損壊せず、五分の四の確率**で全一〇〇〇戸が損壊することになるプランDのどちらかを選ぶことになる。ほとんどの人がプランDを選ぶ。これは奇妙だ。プランDはプランBと同じで、プランAはプランCと同じなのだから。私たちが生まれもっている損失回避により、CよりもDを選ぶのに、AよりもB

を選ぶことはしない。損に対する感度の方が高くなっているからだ。確実に八〇〇戸を失うほうが、五分の一の確率で一〇〇〇戸を失うよりも悪いことのように受け止められる。ところが、もしかしたら守れるかもしれない一〇〇〇戸よりも、確実に守れる二〇〇戸のほうに強く反応する。おかしな話だ。

* つまり、守られる戸数の期待値は $1{,}000 \times \frac{1}{5} = 200$ で、プランAの場合と同じ数になる。

** 家を壊される戸数の期待値は、プランCでもプランDでも八〇〇となる。すなわち、守られる世帯数は、プランAとBの場合と同じく二〇〇となる。

82 鉛筆の芯

私たちはみな、神が手にしている鉛筆です。

マザー・テレサ

現代使われている鉛筆は、ナポレオン・ボナパルトの軍隊に仕えていた科学者、ニコラ・ジャック・コンテが一七九五年に発明した。書くという目的にぴったりのこの魔法の道具の材料は、グラファイトと呼ばれる純粋な炭素の一種でできている。黒鉛がヨーロッパで初めて発見されたのは、一五世紀初め、バイエルン地方でのことだ。ただし、メキシコ原住民のアステカ族が、その数百年前から、グラファイトを使って印をつけていた。当初は鉛の一種と考えられていたので、「plumbago」(黒鉛)と呼ばれた(plumbが元になって、鉛の水道管を修理する人が「plumber(鉛管工)」となる)。この間違った名前は、鉛筆の芯をlead(鉛)と呼ぶ習慣に今も残っている。ようやく一七八九年になって、「書く」という意味のギリシア語「graphein」からとって、グラファイトと呼ばれるようになった。ペンシルという言葉はもっと古く、「小さい尾」を意味するラテン語の「pencillus」からきている。これは、中世で筆記用具として使われていたインク用の小さい筆を指す言葉だ。

一五六四年、きわめて純度の高いグラファイト塊の鉱床がイギリス湖水地方ケズウィックの近くにあるボローデールで発見され、かなり大規模な密売が行われるようになり(特産品のため、政府が管理していた)、それに伴いこの地域に闇経済が発展した。一九世紀には、ケズウィック周辺に、高品質なグラファイトを利用する鉛筆製造の一大産業が発達した。最初の製造工場が作られたのが一八三二年なので、カンバーランド鉛筆会社は近頃、設立一七五周年を迎えたところだ。ただし、地元の鉱山はずっと昔に閉鎖され、現在使われているグラファイトは、スリランカなどの遠方から供給されている。カンバーランド鉛筆は最高級の品質だ。使われている黒鉛からは粉が出ず、紙に書いても汚れない。元のコントの製造工程では、水と粘土と黒鉛の混合物を摂氏一〇〇〇度強の炉で焼き、できあがった柔らかい固体を木の枠に入れていた。枠の形は、鉛筆の用途に応じて、四角や多角形や丸だったりする――大工なら、作業台から転がり落ちるような丸い鉛筆はいやだろう。できあがりの鉛筆の芯の硬度は、混合物の中の粘土と黒鉛の比を調整することで決められる。業務用鉛筆の製造会社では、通常、二〇等級の鉛筆を販売している。最も柔らかい9Bから最も硬い9Hまであり、HとBの間には、いちばんよく使われる中間の度のHBがある〔日本のJIS規格では、このヨーロッパの区分とは異なり、6Bから9Hの区分が使われる〕。「H」は硬い（ハード）、「B」は黒（ブラック）の意味だ。Bの数が大きいほど、たくさんの黒鉛が紙につく。細い先（ファイン・ポイント）という意味の「F」もあり、これは硬度が高く、絵を描くためよりも文字を書くために使われる。

グラファイトについて不思議なのは、これが知られている中で最も柔らかい固体のひとつである純粋な炭素の一種であり、なおかつ最も優れた潤滑剤のひとつでもあることだ。というのは、六個の炭素原子がつながってできた環が、隣り合う環の上を簡単に滑っていくからだ。でも、原子構造が変わると、知られている中で最も硬い固体のひとつである純粋な炭素の結晶体、ダイヤモンドになる。

おもしろい問題もある。標準的なHBの鉛筆で、芯を使い切るまでにどれだけの長さの直線が描けるだろう。柔らかい2Bの鉛筆が紙の上につける黒鉛の厚みは約二〇ナノメートル、炭素原子の直径が〇・一四ナノメートルなので、鉛筆で描いた線は原子一四三個分の厚みしかないことになる。鉛筆の芯は半径が約一ミリなので、断面積はπ平方ミリになる。鉛筆の長さが一五センチの場合、直線の形で紙に広げられる黒鉛の容積は一五〇π立方ミリになる。厚み二〇ナノメートル、幅二ミリの線を描けば、距離は $150\pi/4 \times 10^7$ ミリメートル、つまり一一七八キロメートルとなり、これだけ続く芯があることになる。でも、この予測はまだ試したことはない！

83 スパゲッティの破壊実験

パーセライン社〔運送業者〕のワゴン車を見るたびに、必ずマイルズ・キングトン〔イギリスのジャーナリスト〕のことを思い出す。それはパスタ料理の名前にぴったりだと言い張っていたからだ。

リチャード・イングラムズ〔イギリスの編集者〕

堅くて砕けやすい、細長い乾燥スパゲッティの両端を両手にもつ。スパゲッティを曲げていき、ポキンと折れるまで両端を徐々に近づける。最後には二つに折れて、片手に一つずつ残ると思うだろう。おかしなことに、絶対にそうはならない。スパゲッティはいつも、三つ以上に折れるのだ。これは変だ。木やプラスチックの細長い板だったら二つに折れるはずなのに、どうしてスパゲッティはちがうのだろう。リチャード・ファインマンもこの問題に頭を悩ませた。その伝記にも、ダニエル・ヒリスが伝える次のような話がのっている。

あるとき私たちはスパゲッティを作っていた……スパゲッティを一本手にして折ると、だいたいいつも三つ以上に折れる。どうしてそういうことになるんだろう。どうして三つに折れるんだ。二人はそれから二時間も、むちゃくちゃな理論を出し合った。水中で折るといった実験も考えた。音が弱まり振動が少なくなるかもしれないと考えたからだ。でも二時間後には、台所には折れたスパゲッティが散らばっていたが、どうしてスパゲッティが三つに折れるのかを説明できるちゃんとした理論は見つかっていなかった。

最近になって、この問題を解くヒントが与えられた。だがそれは、予想以上に難解だった。スパゲッティだけでなく、堅くて砕けやすい棒状のものなら何でも、「破壊曲率」と呼ばれる境目となる率を超えて曲げられると折れる。このことは不思議でも何でもないが、その次に起こることが興味深い。最初に一度折れたとき、どちらの断片も一端は自由で、もう一端は片手に握られている。突然自由になった方の端は、まっすぐになろうとして、手で握られているもういっぽうの端の方向へ曲率の波を次々と送る。これらの波は跳ね返り、スパゲッティのさまざまな地点に届く他の波に出会う。波どうしが出会うと、曲率が突然跳ね上がり、曲げられたスパゲッティをまた折るくらいに大きくなる。こうしてまた折れると新たな曲率の波が生じ、スパゲッティのさまざまな地点で、曲率がまたもや局所的に上昇して破壊曲率を超えるようになる。その結果、スパゲッティは、最初に一度折れた後にも、何か所かで折れるのだ。手に残されているスパゲッティに波が伝わるだけのエネルギーがなくなったとき、それ以上は折れなくなる。両端が自由な断片は、みな床に落ちる。

84　新名所

きゅうりみたいに冷製に考えよう

スティーヴン・モス〔イギリスの自然研究家〕

ロンドンのシティにある最も斬新な現代建築と言えば、サーティ・セント・メアリー・アクスだ。ふつうはむしろ、スイス再保険ビルとか、松ぼっくりとか、もっと簡単にガーキン〔ピクルスに使われる小さなキュウリ〕とかの名で呼ばれる。チャールズ皇太子が見るところ、このビルは、目障りなタワーがロンドンの地に林立する前触れだという。設計を手がけたノーマン・フォスター・アンド・パートナーズ社は、現代を代表するビルだと宣言し、二〇〇四年には、この設計に対して英国王立建築家協会（RIBA）スターリング賞を受賞した。このビルのおかげで、スイス再保険会社は世間の注目を浴び、シティの伝統ある景観にタワーがあるのは好ましいかどうかという論争が広く行われるきっかけとなった。残念ながら、ガーキンが美しい建物かどうかの論争には決着がついていないが、スイス再保険社にとっては、ほぼまちがいなく、商売上、いささか当てがはずれた。同社が占めるのは、全三四階のうちの地上一五階までだけだが、ビルの残りの半分を、一社だけに貸すことが一度もできないでいる。まったく意外というわけではない。ここに入れるくらいの資金のある有名企業なら、このビルがスイス再保険という社名と密着しているので、自社はこれからずっと店子（たなこ）に甘んじて、ビルにオフィスを構えてもそれで名声を得ることはないと思うのだろう。その結果、空いた場所は、小分けにされて貸されている。

ガーキンの言わずと知れた最大の特徴は、大きいということだ。高さは何と一八〇メートルもある。これほど大規模なタワーを建てると、構造上および環境上の問題が発生する。今日では、大きなビルの精巧なモデルをコンピュータで作成し、風や熱への反応や、外部からの風の取り込み、地上の通行人に与える影響などを研究することができる。設計のひとつの面を修正すると、他の多数の面に影響がおよぶ。たとえば、建物表面の光の反射に手を加えると、室温と空調の要件が変わってくるとか。だが、この高性能なコンピュータシミュレーションを使えば、すべての影響を一度に見ることができる。現代的なビルのような複雑な構造を設計するには、「一度にひとつのことをする」やり方ではだめで、たくさんのことを一遍にやらないといけないのだ。

ガーキンの優雅な曲線の輪郭は、美しさの追求とか、あっと言わせて物議をかもしたいという、ちょっといかれた設計者の情熱だけでできあがったものではない。一階が細く、一七階で最も大きく膨れ、階を上がるにつれまた少しずつ細くなっていく先細の形は、このコンピュータによるモデル研究を受けて選ばれている。

高いビルがあると、地上のビル周辺にある狭い通り道に風が送り込まれる（ちょうど、庭のホースの口に指を少しかぶせると、水がもっと遠くまで届くようなものだ——口が狭くなった分、圧力が高まり、水の流れが速くなるのだ）。そのおかげで、通行人や、ビル中の人たちがひどいめにあうことがある。まるで風洞にいるように感じるのだ。地上付近でビルを細くすると、風の通り道があまり妨げられなくなり、こうした望ましくない風の影響が減る。上半分を細くすることにも、重要な意味がある。従来どおり先細ではない背の高いビルの横に立って地上から仰ぎ見ると、ビルが大きくのしかかってきて、空の大部分が覆い隠される。先が細くなる設計だと空がもっと広く見え、ビルのすぐそばの地上から見ると一番上の部分は見えないから、建物に押しつぶされるような感覚が少なくなる。

このビルの外観のもうひとつの目立った特徴が、正方形や長方形ではなくて、丸いということだ。これもまた、ビルの周囲の空気の流れを遅くして一定させるのに都合がいい。またそのおかげで、通常以上に環境に配慮したビルにもなっている。外部から建物内部に通じる大きな三角形の開口部が各階に六個ずつ作られている。ここから建物の中央部にまで光が入り、自然の通気が確保され、従来ほど空調が必要でなくなり、同程度の規模の標準的なビルと比べてエネルギー効率が二倍よくなる。これらの開口部はすべての階で同じ面に縦にそろって設置されるのではなく、上下に少しずつずれて回転していくようになっている。このために、建物内部へ風が吸引される率が上がる。こうやって階ごとに六つの開口部を少しずつずらすことで、人の目をぱっと引く、あのらせん模様ができている。

遠くから丸い外観を眺めると、個々の壁面のパネルが湾曲しているように見えるかもしれない——さぞ、建設が複雑で費用もかかるだろうと。だが実際には違う。曲がっているのがわかるほどの距離と比べれば、パネルはとても小さく、四角い平らなパネルをモザイク状に並べれば、十分に曲線に見える。パネルを小さくすればするほど、外観がなす曲線の良い近似になる。カーブの向きは、パネルとパネルをつなぐ角度で作られている。

85 平均の中庸をとる物価指数

人間を平均すると、乳房が一個と睾丸が一個ある。
デス・マクヘイル〔アイルランドの数学者、作家〕

経済の発展したどの国にも、平均的な国民の生活費の変化を測る何らかの尺度がある。それは、主食や牛乳、光熱費などの代表的な品目について、標準的な単位による価格をもとに決められる。小売物価指数（ＲＰＩ）とか、消費者物価指数（ＣＰＩ）とかいった名前がつけられ、昔からこれを基準にインフレが測られ、給与や手当がそれに応じて調整されたりする。したがって国民はこの指数が高くなるのを望み、一方政府は低くなるのを望む。

物価指数を出すひとつの方法に、集めた価格を単純に平均するというものがある。価格を足していって、合計した価格の数で割るだけだ。これは統計学者が相加平均と呼ぶもので、ただ「平均」と言えばこれのことだ。一般的に、ものごとが時間とともにどう変わっていくかを知りたいものだ。同じ一かごの商品について、値段は毎月上がっているのか下がっているのかというように。そこで、今年の平均価格を去年の平均価格で割って、両者を比べようとする。出てきた値が1よりも小さければ、価格は下がっている。1よりも大きければ、価格は上がっている。とても単純なことだが、何か問題でも？

ある家庭で、牛肉と魚に毎週同じ金額を使う習慣があるが、魚の値段は変わらずに牛肉の値段が二倍になったとしよう。その後も牛肉と魚を同じ量だけ買い続けるとしたら、牛肉と魚の合計支出は、それまでの一・五倍、つまり五〇パーセントの増加になる。価格変化の平均は、1/2 × (1 + 2) = 1.5 になる。1/2 とは、商品の数（魚と牛肉の二つ）で割るということだ。1は魚の価格の変化率（同額のまま）で、2は牛肉の価格の変化率（二倍になる）だ。

この一・五というインフレ率、つまり五〇パーセントの物価の上昇という統計値は、新聞の見出しを飾るだろう。ところが、牛肉をまったく食べない家庭にとっては、この値は意味がない。魚しか食べなければ、毎週の勘定はまったく変化しないだろう。インフレ率もまた、あらゆる家庭の食事のしかたを平均したものにすぎない。その前提には、人間の心理についての想定がある――魚に対する牛肉の価格が上がっても、家庭では、これまでと同じように、魚と同量の牛肉を食べ続けると仮定しているのだ。実際は、家庭によって違う対応をとり、魚と牛肉の購入量を調整して、それぞれにかけるお金は今まで通りになるかもしれない。つまり、牛肉の値段が上がったので、今後は牛肉を買う量を少なくするというように。

価格の変動があっても、家庭は、それぞれの商品にあてる予算の割合を変えないと想定するなら、単純な相加平均による物価指数を、別の種類の平均に変えるべきだということになる。

二つの量の相乗平均は、その二つの積の平方根となる。* 牛肉の価格が変動し魚の価格はそのままという場合、物価指数の相乗平均は、

$$\sqrt{(現在の牛肉の値段／以前の牛肉の値段)\times(現在の魚の値段／以前の魚の値段)}$$

$$=\sqrt{1\times 2}=1.41$$

となる。

この二つのインフレ尺度についての興味深い点は、何個の量があっても、相乗平均は決して相加平均よりも大きくならないということだ。(21) だから政府は、もちろん相乗平均のほうを好む。** インフレ率が低く表され、その結果、賃上げと社会保障給付の引き上げにかかわる指数のインフレ分が抑えられるからだ。

相乗平均のもうひとつの利点は、政治的というより実際的なものだ。インフレ率を出すには、異なる時点での指数を比較する。相加平均を使うなら、二〇〇八年と二〇〇七年の相加平均の比を計算して、「一かご」分の商品の価格が、去年からどれだけ上昇したかを見ることになる。ところが相加平均には、キログラムあたり何円とか、リットルあたり何円とか、異なる単位で測られるさまざまな種類のものの合計がかかわってくる。あるものは単位重量あたりの値段なのに、またあるものは単位体積あたりの値段だったりするのだ。つまりは寄せ集めなので、そこが問題となる。相加平均を計算するには、すべてを足さないといけないのに、計算に入ってくるさまざまな商品の単位が同じでなかったら、意味をなさない。対照的に、相乗平均を使う利点は、二〇〇八年の商品価格にどんな単位を使っても構わないということだ——二〇〇七年でもその商品に同じ単位を使っている限りは。二〇〇八年の相乗平均の値を二〇〇七年の値で割ってインフレ率を出そうとすると、分子と分母の単位がどれも同じなので、すべての単位が消される。そういうわけで、これはなかなか中庸をとった指数だと言える。

＊　もっと一般的に言えば、n個の量の相乗平均は、n個の積のn乗根になる。

＊＊　アメリカでは、一九九九年、労働局の消費者物価指数の計算方法が、相加平均から相乗平均に変更された。

86 全知が弱点になることもある

ブリタニカ百科事典売ります。状態良好、当方不要のため。夫が何でも知っているので。
短い新聞広告

すべてを知っていたらどんなことになるか、想像してみよう。いや、そう簡単には想像がつかないだろう。知りたいことをすべて知っているとはどういうことかと想像するほうが、まだやりやすいかもしれない。それでも、次週の宝くじの当たり番号とか、遅刻しないためにはどの列車に乗るのがよいかとか、大事なサッカーの試合でどちらが勝つかを知っているというように、すべて見通せる立場にあるような感じがする。すべてを知っていれば、ものすごく優位に立てることになる。もっとも、たまにうれしいことがあってびっくりすることがなければ、結局、つまらない人生になるかもしれないが。

すべてを知ることについては、奇妙な逆説がある。すべてを知ってはいない場合よりも不利になることがあるというのだ。二人の曲乗り飛行士が向かい合いって飛行機を高速で飛ばすという、命知らずの「チキン」ゲームを観ているとしよう（馬と槍なしで空中一騎打ちをするようなものだ）。最初に横にそれた方が負けとなる。こういうゲームでは、パイロットはどういう作戦をとるのが良いだろう。まったく横にそれないなら、相手も同じ作戦できた場合には死ぬことになり、結局どちらも勝てない。つねに横にそれるなら、絶対に勝つことはなく、相手も同様にそれた場合には引き分けとなる。明らかに、つねに横にそれるというのが、損失を最小限にする唯一確かな戦略だ。ときには横にそれ、ときには横にそれないという混合戦略をとれば、何回かは勝つだろうが、相手が横にそれないときには必ず自分は横にそれるとしない限り、最終的には死ぬことになる。相手も同じように考えるなら（相手は独自に考えていて、こちらがどうするつもりか知らない）、同じ結論に達するはずだ。

今度は、何もかもお見通しの相手とこのゲームをしよう。相手は、こちらがどういう戦略をとるかを知っている。それなら、こちらは絶対に横にそれない戦略を取るのが良い。相手は、こちらの戦略が絶対に横にそれないことだと知っているので、自分は毎回横にそれるようにするだろう。全知のパイロットは、絶対に勝てないのだ。

この話はたぶん、スパイの世界にも当てはめられるだろう。敵の通信をすべて盗聴していて、敵もこちらが盗聴しているのを知っていれば、こちらの方が全知のために不利な立場に陥ることになる。

87 なぜ人はもっと賢くないのか

神が真理の探求を助けてくださいますように。すでにそれを見つけたと信じる人々から守ってくださいますように。

イギリスの古い祈りの言葉

天文学者が高等な宇宙人の性質について推測をめぐらせるとき、あるいは生物学者が、人間が今よりもっと頭が良くなるように進化した将来を思い描くときには、いつも、その向上した知性が良いものであるはずだと決めてかかっている。進化の過程では、生き延びて子孫を残す確率が高くなるような特徴が受け継がれる可能性が高くなる。人間が種全体として今より平均して知性が高くなることがどれほど不利に働くか、なかなか想像はしにくい。

もしも、平均より頭が良い人たちの集まりをまとめようとした経験があれば、たやすく想像できるかもしれない。大学の学部長とか、多数の作家が作品を寄せている本の編者とかが直面する難題を考えれば、その好例となるかもしれない。そうした状況では、この手の知性の高い人々は、個人主義的で、独自の発想をして、自分とは考え方の違う人を認めない傾向にある。たぶん、知性の進化の初期段階では、他人とうまくやる能力や、他人に反対するのではなく協力する能力がもっと重要だっただろう。知性が今や急激に進化して超人的なレベルに達すると、そのせいで社会が悲惨な状態に陥るのだろうか。すると今度は、予知できる危険に対処するということになると、平均の知性のレベルが低いと、当然不利になる。一定の環境下で生きる場合、長期的に生き残れる確率を最大にするには、最適なレベルの知性というものがあってもおかしくない。

88 地下生活者

アートは人の心を動かさないといけないが、デザインはそんなことはない。優れたバスのデザインは心を動かすとはいえ。

デイヴィッド・ホックニー［イギリスのポップアーティスト］

二人の観光客がロンドン中心部の町中で、地下鉄の路線図を見ながら道を探しているのを見かけたことがある。モノポリーのボードを使うよりはかろうじてましだが、あまり役には立たなさそうだ。ロンドン地下鉄の路線図は、機能的にも芸術的にもすばらしいデザインだが、驚くべき特徴がある。地理的に正しい位置に駅が描かれていないのだ。これは位相幾何学的な地図で、駅と駅のつながりは正確に示してはいるが、審美的および実用的な目的のために、実際の位置がねじ曲げられている。

この種の路線図をロンドン地下鉄の経営者に提案したのは、電子工学の素養のある若い製図工、ハリー・ベックだった。一九〇六年創立のロンドン地下鉄会社は、一九二〇年代には経営が苦しくなりつつあった。主な理由は、ロンドン郊外から中心部へと移動するのに、それも特に乗り換えが必要な場合には、経路が複雑で時間がかかりすぎることだった。地理を正確に表した路線図は、ごちゃごちゃしていて見にくかった。ロンドン中心部の道路は、芯となる計画もなしに、数百年の間に雑然と発達してきたものだからだ。ロンドンは、すっきりとした全体的な街路計画のあるニューヨークとは違ったし、パリほどにもなかった。人々はうんざりしていた。

ベックが一九三一年に描いた美しい路線図は――最初は地下鉄会社の広報部門と経営責任者フランク・ピックに却下されたものの――いろいろあった問題を一気に解決した。それまでのどのような路線図とも違う、電子回路基板を彷彿とさせるベックの路線図では、垂直と水平と斜め四五度の線しか使われていなかった。さらに、最終的にはロンドンを象徴するテムズ川を描き入れ、乗換駅を表示するすっきりとした方法を採用し、ロンドン郊外の地理を変形して、リクマンズワースや、モーデン、アクスブリッジ、コックフォスターズなどの離れた地区がロンドン中心部の近くにくるようにした。ベックは、その後四〇年間、この地図に磨きをかけ、拡大し続けた。新たな路線を加えたり、従来の路線を拡張したりしながら、つねに簡潔さと明快さを追求した。従来の地図と混同されないように、ベックはこの図をいつもロンドン地下鉄路線図（ダイアグラム）、略して「ダイアグラム」と呼んでいた。

ベックのこの最高傑作は、初の位相幾何学的な地図だった。それは、どのようにも伸ばしたりねじったりして変形することができて、しかも駅と駅のつながりは断たれない。この図がゴムシートに描かれていて、切ったり裂いたりせずに、好きなように伸ばしたりひねったりできると想像するとよい。この図は、社会学にも地図製作の世界にも衝撃を与えた。人々のロンドンのとらえ方がこれで変わった。遠くにある地区も描き込んで、その地の住民たちを、ロンドン中心部の近くに住んでいるような気分にさせた。住宅価格の情況までもが変化した。イギリス人のほとんどにとっては、これこそがロンドンの姿を写しているのだ。

ベックの独創的なアイデアは、ちゃんと理にかなっている。地下鉄に乗って地下にもぐっているときには、地上を歩いたりバスに乗ったりしているときのように、自分がどこにいるのかを知る必要はない。大事なのは、どこで乗りどこで降りるかと、どうやって別の路線に乗り換えるかだけだ。遠くの地区を中心部の近くにもってくることで、ロンドンっ子たちの気持ちのつながりが強くなっただけでなく、すっきりとバランスのとれた図になって、小さく折りたたまれた紙にぴったり収まり、上着のポケットに入るようになったのだ。

89 つまらない数などない

すべてのものはそれぞれに美しい　　レイ・スティーヴンズ〔アメリカのカントリー歌手〕

数のリストには終わりがない。1、2、3のような小さい数は、子どもの人数とか、車の台数とか、買い物リストの品物の個数とかいった、人生における小さな数を表すのにいつでも使われている。少数からなる集まりには、それぞれに固有の言葉がたくさんある——たとえば、ダブル〔倍〕、ツイン〔双子〕、ブレース〔つがい〕、ペア〔対(つい)〕、デュオ〔二人組〕、カップル〔夫婦〕、デュエット〔二重奏〕、ツーサム〔一対一の対戦〕など——という事実から、小さな数は、現在の十進法ができる前からあったことがわかる。こうした小さな数は、どれをとっても、なにかしら興味深い。1は最も小さい数で、2は最初の偶数、3はその前の二つの数の和、4は素数ではない最初の数で、それ自身以外の数で割り切れる。5は平方（2^2）と1の和だ。こういうふうに、いくらでも続いていく。そうなると、数のダンスパーティで壁の花のように誰にも気づかれずに座っているような、まったく興味を引かない数というのがあるのだろうか。

それを証明できるだろうか。証明するには、この問題を、数学でよくある証明のように取り扱えばよい。まず、証明したいことの反対が真だと仮定して、その仮定から、それに矛盾することを導き出す。そうすると、最初の仮定が間違いだったということになる。チェスでは、ある駒を取られることがその後もっといい駒を取るきっかけになることを計算して、相手に駒を取らせる捨て駒という手があるが、この証明は、そのきわめつけだろう。この論理的な捨て駒が狙っているのは、ひとつの駒だけでなく、試合全体だからだ。

では、目立たない正の整数があると仮定して、それらをひとまとまりにしよう。もしもそうした集合が存在するなら、その中には最小のものがあるはずだ。しかし、その最小のものは、当然、目立たなくはない。何せ、目立たない数のうちの最小の数なのだ。これは、その数が目立たない数だとした当初の仮定に矛盾する。したがって、目立たない数が存在するという最初の仮定が間違っていたことになる。すべての数は「つまらなくない」とせざるをえない。

ちょうどそれを証明するような話をしよう。数学者の間では有名な話で、イギリス人数学者のゴドフリー・ハーディが、ロンドンの病院に入院していた友人の優れたインド人数学者、シュリニヴァーサ・ラマヌジャンの見舞いに訪れたときのことだ。「町で乗ったタクシーの番号、1729にハーディは目を留めた。ハーディはこの数について多少考えていたに違いない。なぜなら、ラマヌジャンの病室に入るなり、挨拶もそこそこに、その数にはがっかりしたと言ったからだ。『まったくつまらない数だ』と評し、さらに、悪い兆しではないといいがとも言った。『そんなことはありません』とラマヌジャンは答えた。『とても興味深い数です。これは、二つの立方数の和として二通りに表せる数の中で最小の数です*』。このできごとを記念して、こうした数は「タクシー数」と呼ばれている。

* $1729 = 1^3 + 12^3 = 9^3 + 10^3$ だから。この例では、三乗する数は正でなくてはならない。負の数を三乗してもよいことにすれば、そのような最小の数は $91 = 6^3 + (-5)^3 = 4^3 + 3^3$ になる。

90 匿名

おかけになった番号は存在しません。

イタリアの通話不能な電話番号での録音メッセージ*

一六世紀や一七世紀には、当時の一流の数学者が、発見した事実を暗号で発表するのもめずらしくはなかった。これは、人から認めてもらいたくて、最初に発見したのは自分だと優先権を主張する現代の科学者から見るととても奇妙に思われるが、昔の数学者たちのおかしなことにも思えるふるまいには、それなりの理由があった。二兎を追って二兎とも得たかったのだ。数学の新しい「技」を使って得られた発見を発表すると、自分が発見者として認められるが、その技を明かすことになり、誰かがそれを使って、もしかするともっとすごい発見をして、負けてしまうことになりかねない。とれる道は二つに一つ。一つは、発見の発表を控え、他のいろいろな可能性についても時間をかけてしっかりと調べること——ただしそうすると自分の成果を他の誰かも発見して発表してしまう危険がある。もう一つは、発見したことを暗号にして発表すること。誰にも暗号を破れないと仮定すると、新しい技は誰かに使われる恐れはなく、そのうえ、自分がすでに発見したことを発見したと言う人物が現れたら、すぐに暗号を解いて、ずっと前に自分がその発見をしたと知らせることができる。実にまわりくどい——急いで言っておくが、こんなふるまいは、数学でも他の科学分野でも現在は行われていないし、たとえしようとしてもおそらく許されないだろう。ところが、文学の世界では、実際にこうしたことが起きている。ビル・クリントンの大統領選挙運動を題材にして、発表当初は、匿名を使った正体不明のジャーナリストが書いたというふれこみの『プライマリー・カラーズ』（黒原敏行訳・早川書房）という政治小説の本などは、二兎を得ようとするもののように見える。

今日、自分の正体をこんなふうに隠したいとしよう。簡単な数学を使えばできるのだが、どうすればいいだろう。とても大きな素数を二つ選ぶ。たとえば104729と105037のように（実際には何百桁もあるもっと大きな素数を選びたいところだが、この二つでも、だいたいの説明をするには十分だ）。二つを掛け合わせて、11000419973という積を出す。ちなみに、電卓は信用してはならない。おそらくこんな大きな数は扱えず、どこかの段階で答えを丸めてしまうだろう。私の電卓では、11000419970という間違った答えになった。

ここで、誰にもわからないように発表するという難題に戻ろう。自分の発見したことを発表したいが、自分の正体を公にはしたくない。そこで、隠れた「署名」を挿入して、将来のどこかで、自分がそれを書いたと明らかにしたい。二つの素数の積である11000419973という巨大な数を本の裏表紙に印刷して、発行することができるだろう。自分は二つの因数（104729と105037）を知っていて、それらを掛け合わせて、その答えが本の「暗号」だと示すことが簡単にできる。しかし、他の人たちは11000419973を与えられているだけなので、二つの因数はそう簡単には見つからないだろう。それぞれが四〇〇桁もある非常に大きな二つの素数を掛け合わせたとしたら、二つの因数を見つけようとすると、たとえ強力なコンピュータを使っても一生かかることになる。この「暗号」を破るのは不可能ではないが、もっと大きな数を使うほど高度なレベルのセキュリティは必要ない。とても長い時間をかけないと解けないという程度で十分なのだ。

数を掛け合わせては因数分解をするこの作業は、いわゆる「落とし戸（トラップドア）」的な作業の一例だ（27章を参照）。一方向から入るのはたやすいことだが（落とし戸から落ちるように）、反対方向から入るのはひたすら長い時間がかかる（落とし戸をよじのぼって出るように）。二つの素数を掛けるもっと複雑な例が、今日、世界中で、商用や軍事用の暗号のほとんどでその基本に使われている。たとえば、何かをインターネットで買って、安全を保証されたウェブサイトでクレジットカードの番号と詳細を入力すると、その詳細が大きな素数の積と混ぜ合わされて企業に送られ、そちらで素因数分解したものを使って解読されるのだ。

＊　イタリア語では 'Il numero selezionato da lei è inesistente'。

91 アイススケートの逆説

ディナーを終えたシドニー・モーゲンベッサー〔アメリカの哲学者〕は、デザートを頼むことにした。ウェイトレスは、アップルパイとブルーベリーパイのどちらかが選べますと言う。モーゲンベッサーはアップルパイを注文した。数分後、ウェイトレスがやってきて、チェリーパイもありますと言う。ここでモーゲンベッサーは、「そういうことなら、ブルーベリーパイにしよう！」と返事した。

学者の間での言い伝え

何かを選んだり投票したりするときに、最初はすべての選択肢の中から一番よいと考えてKを選んだとして、その後、忘れていましたが他の選択肢Zもありますと言われた場合、新たにとるべき道は、Kという選択を変えないか、Zを選ぶかのどちらかになると考えるのが合理的だろう。他を選択するのは理屈に合わない。最初にKを選んだときに却下したもののどれかを選ぶことになるからだ。新しい選択肢が追加されたからといって、その他の順位が変わることがあるだろうか。

そうしたことはあってはならないという考えは、経済学者や数学者の頭の中に総じてしみついている。そのため、選挙制度を考案するときには、そうした可能性はばっさりと退けられる。それでも、人間の心理が絶対に合理的なことは少ないとわかっているので、関係のない選択肢のために好みの順序が変わるような状況は確かにある。ちょうどシドニー・モーゲンベッサーがパイの注文を変えたように（もちろん、最初に注文した後に、実物を見たのかもしれないが）。

よく知られているのが、自動車の代わりに赤いバスに乗ろうと勧めた例だ。移動者のほぼ半分がまもなく赤いバスを利用するようになった。半分はまだ自動車を使っていた。次に、青い色のバスが導入された。おそらく、四分の一が赤いバスを利用し、同じく四分の一が青いバスを利用し、半分は今のまま自動車で移動すると予測されるだろう。誰もバスの色など気にしないはずだ。ところが実際にどうなったかと言えば、三分の一が赤いバスを、三分の一が青いバスを、三分の一が自動車を利用したのだ！

関係のない選択肢による影響が判定のプロセスにもとから組み入れられていたという悪名高い例がある。そのせいで奇妙なことが起こり、ついには、そうした判定プロセスが撤廃された。その例とは、二〇〇二年冬期オリンピックでのフィギュアスケートの判定だ。この大会では、アメリカの若手選手サラ・ヒューズが、優勝候補のミッシェル・クワンとイリーナ・スルツカヤを破った。テレビでフィギュアスケートを観ていると、それぞれの演技に対して、得点（六・〇とか五・九とか）がファンファーレとともに発表される。ところが不思議なことに、こうした点数で誰が勝つかは決まらない。これは、選手を並べるためだけに使われるのだ。それぞれの選手が二つのプログラム（ショートとフリー）で得た点数を審判が合計して、得点の最も高い人が金メダルを獲ると思われそうなものだが、残念ながら、二〇〇二年のソルトレークシティでは、そうではなかった。ショートプログラムが終わった時点で、上位四人の順位は次のようになっていた。

クワン（〇・五）　スルツカヤ（一・〇）　コーエン（一・五）　ヒューズ（二・〇）

この四人は、上位の四番までを占めたので、○・五、一・○、一・五、二・○の点が自動的に割り振られる(点数が少ない方が上)。あの素晴らしい六点満点が全部忘れられているのに注目してほしい。一位の選手が二位の選手にどれだけ差をつけようと、○・五点のリードが与えられるだけだ。この後のフリーの演技にも同じように得点が付けられる。ひとつだけ、点が二倍されるという違いがあって、一位の選手は一点、二位の選手は二点、三位の選手は三点などとなる。二つのプログラムでの得点が足し合わされ、選手の総合得点になる。点数の最も少ない選手が金メダルを獲得する。

ヒューズとクワンとコーエンがフリーの演技を終えた段階では、ヒューズがトップに立ったのでフリーの得点が一点となり、クワンは二位で二点、コーエンは三位で三点となっていた。ショートの点と足し合わせると、スルツカヤが滑る前、総合得点は次のようになっていた。

一位クワン(二・五) 二位ヒューズ(三・○) 三位コーエン(四・五)

最後にスルツカヤが滑り、フリーの順位を二位とした。すると、フリーでの得点が次のように決定される。

ヒューズ(一・○) スルツカヤ(二・○) クワン(三・○) コーエン(四・○)

結局、とても奇妙な結果になった。総合得点が次のようになり、優勝はヒューズとなったのだ。

一位ヒューズ（三・〇）　二位スルツカヤ（三・〇）　三位クワン（三・五）　四位コーエン（五・五）

ヒューズがスルツカヤの上位にきたのは、総合得点が同じ場合、フリーの演技で評価が高かった方が上になるからだ。だが、これでお粗末なルールの問題点が明るみに出た。スルツカヤの演技によって、クワンとヒューズの順位が入れ替わったのだ。クワンとヒューズが演技を終えた後、クワンはヒューズの上にいたが、スルツカヤが滑った後には、クワンがヒューズの下になった！　どうしてクワンとヒューズの相対的な評価が、スルツカヤの演技によって変わったりするのだろうか。こういうところに無関係な選択肢の逆説が働いている。

92　次々と2で割ると

歴史とは、何かが次々と起きることにすぎない。
ヘンリー・フォード〔アメリカの「自動車王」〕

無限とは得体の知れないもので、何千年もの間、数学者や哲学者を悩ませている。どこまでも並ぶ数を足した和が、無限に大きい数になったり、何かの決まった値にどんどん近づいたり、そもそも、何かの決まった和になるのを拒んだりする。少し前、私が「無限」について講演したとき、その中で簡単な等比級数に触れた。

$$S=\frac{1}{2}+\frac{1}{4}+\frac{1}{8}+\frac{1}{16}+\frac{1}{32}+\frac{1}{64}+\cdots$$

こんなふうに永遠に続いていく。すべての項は、前の項のちょうど半分の大きさだ。この級数の和は、実は1に等しくなる。だが、聴衆の中にいた数学の専門家でない人から、それが真であることを証明する方法はあるのかと質問された。

幸い、図だけを使って証明できる簡単な方法がある。1×1の大きさで、面積が1の正方形を描く。ここで正方形を縦半分に分割すると、二つの長方形ができる。どちらの長方形も、面積は1/2になるはずだ。どちらか一方の長方形を二つに分割すると、もっと小さな二つの長方形ができ、どちらの面積も四分の一に等しくなる。この二つの小さな長方形のどちらか一方を二つに分割すると、新たな長方形が二つでき、どちらも面積が八分の一に等しくなる。このようにずっと、それまでの面積の半分の面積をもつ長方形を作っていって、仕上げをご覧じろ。図のように、もとの正方形の面積全体が、区画に分けられ、それがどこまでも続いてびっしり埋めつくしている。正方形全体の面積は、半分にするプロセスそれぞれの段階で分割しないでおいた分の面積を足したものに等しい。そうした区分の面積は、先ほどの級数Sにぴったり一致する。よって級数Sの和は1、つまりは正方形全体の面積に等しくなるはずだ。

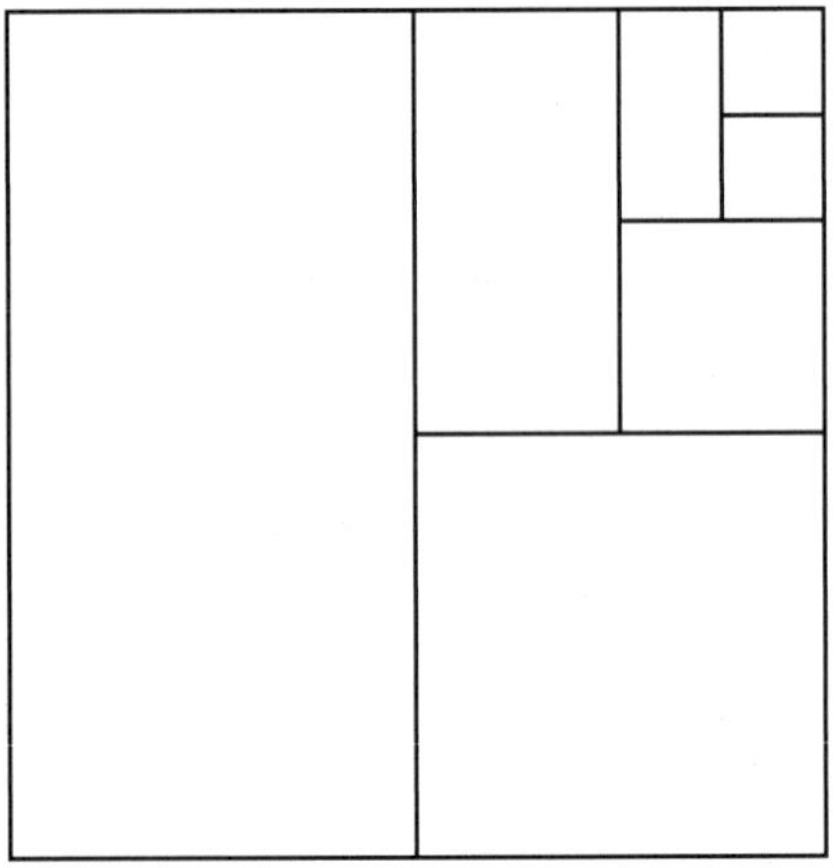

Sのような級数を初めて目にすると、たいてい、別の方法で合計を出すことになる。それぞれの項は前の項の二分の一だという点に着目して、級数全体には$1/2$を掛ける。

$$\frac{1}{2} \times S = \frac{1}{4} + \frac{1}{8} + \frac{1}{16} + \frac{1}{32} + \frac{1}{64} + \cdots$$

ところが右辺の級数は、もとの級数Sから最初の項、つまりは$1/2$を引いたものだと気づく。そこで、$\frac{1}{2} \times S = S - \frac{1}{2}$となり、やはり$S = 1$となるのだ。

93 住みわけとミクロの動因

世の中は、あたりまえのことだらけだよ。誰もよく見ようとは全然しないけどね。
「バスカーヴィル家の犬」よりシャーロック・ホームズのせりふ

多くの社会で、人種、民族、宗教、文化、経済などの違いによって、コミュニティがはっきりと分離されている。場合によっては、一方が他方を嫌いだとはっきりと口にすることもあるが、あからさまに避けようというようすはあまりなく、個人的な活動では別のコミュニティの者どうしでもうまくやっている場合もある。しかし、個人の間でそうした傾向があっても、集団の行動もそれに従うとは限らないこともある。個人個人による選択が多数集まって、相互に影響し合うからだ。数多くの物事の集団的なふるまいを研究するのに科学者が用いた統計学的な手法のどれかを人間の集団に当てはめると、とても単純な、それでいて予期しなかった真実が現れてくる。

一九七八年、アメリカの政治科学者、トーマス・シェリングが、アメリカの都市で人種の分離がどう起こるのかを調べることにした。人種の違いについて寛容さが足りないからだという想定が多かった。さまざまなコミュニティをランダムに混ぜ合わせれば差別は克服できるだろうと考える人もいた。だが、そうしても、またもや前とは別の人種のコミュニティに細分化され、必ず分離するという驚きの結果となった。たとえ、住民について調査をして、自身とは違う民族の集団に対してもかなり寛容なことがわかっていても、同じことになった。コンピュータのシミュレーションで仮想の社会を数学的に研究してわかったのは、平均的には寛容なように見えても、バランスがほんのわずかに偏るだけで、完全に分離するということだった。たとえば、自分の家の近所が、自分とは違う人々の家が三分の一を超えると、その家族は、自分たちが寛容でないためか、周りの不寛容を避けるためか、何らかの理由で引っ越すが、自分たちと違う家が五分の一未満だったら、そのままそこに留まるとしよう。このような状況では、何らかの形で異なる（人種、宗教、階級など）二種類の家族（「青」と「赤」）をランダムに混ぜ合わせると、徐々に分化が進み、最終的には、青だけのコミュニティと赤だけのコミュニティにはっきりと分離する。ちょうど、水と油の混合物が、その間に空の「緩衝」地帯を残して分かれるように。* 赤の家族が平均以上住む領域では、青の家族が出て行き、別のところで青の家族の数が増えて平均以上になり、新たに青の家族が平均以上住むようになったこの地区からは、赤の家族が転出していく。家族の移動は、移動する家族と同じタイプの家族が平均以上を占める地区に向かう傾向がほとんどだ。異なる地区にはさまれた境界にある地区は、一家族が移動するだけで、どちらの方向にもバランスがひっくり返ることがあるために、とても不安定だ。こうした境界線上の地区が空っぽになって、分離されたコミュニティの間にできる緩衝地帯へと進展していく方が安定している。

こうした単純なことの理解がとても重要だった。混合されたコミュニティでは、はっきりとした住み分けが起こるのはほとんど避けがたいことがわかるからだ。寛容さが足りないわけではないのだ。分離があるからといって、必ずしも偏見があるとは限らない――ただし、アメリカやローデシア、南アフリカ、ユーゴスラビアの例にあるように、確かに偏見がある場合もある。コミュニティが分離するのを防ごうとするよりも、分離したコミュニティの間のつながりを強くしていく方が好ましい。マクロの行動は、必ずしも組織的な方針をなしているとは限らないミクロの動因によって作られるのだ。

＊ 実際は、このおなじみの例をあまり細かく調べてはいけない。水中に溶けている空気を、たとえば凍結と解凍を繰り返して水から取り除くと、水は油とかなりよく混ざる。

94 流されない

Eメールは、上に立つことを役割とする人にとってはすばらしい道具だが、私にとってはそうではない。私の役割は、底辺にいることだから。

ドナルド・クヌース〔数学者、情報工学者〕

前の章で、誰もはっきりとわかる少数派にはなりたくないという集団的な行動の例を見た。だが、すべての状況がそうだとは限らない。日常から解き放たれてのどかな島の保養地で過ごしたいのなら、多数派ではなく少数派でありたいだろう。とくに、その地が、誰もが休暇を過ごしたいと思うようなところなら。音楽や食事がよくて「誰もが」行きたがるパブも、入るのに行列しなくてはならず、座る椅子が見つからず、注文したものが出てくるのに一時間も待たされるはめになるのでは、結局、とても理想的な場所とは言えなくなる。もう少し人気のない店で十分だ。

これは、少数派が「勝つ」というゲームみたいなものだ。一般的に、それぞれのお勧めの店に行くのを選ぶ平均の人数というものがあるだろうが、その平均からのずれは、かなり大きい。そのずれを減らし、もっと使える戦略に収まるには、その店に行った人の数についての過去の情報を活用する必要がある。人間の心理を推しはかろうとするだけでは、自分は平均的な人間ではないと思い込む、よくある過ちを犯してしまうことになるだろう。同じデータにもとづいて行動する他の大勢の人たちも、自分と同じ選択をするとは考えないからだ。だから、うららかな日曜日の午後に、誰もが河畔を散歩する光景に出くわすのだ。

選ぶべき店が二つなら、全員がそれまでに蓄積した経験から、最適な戦略は、平均してそれぞれの店に半数が行くという方向に近づいていく――だからどちらの店も、特に人気があるわけでも人気がないわけでもない。最初は、平均からのずれがかなり大きいので、一方の店を訪れると、平均よりも人数が少ないこともあるかもしれない。時がたつにつれ、もっとたくさんの過去の経験を利用して、そうしたずれがいつどのように起こるかを検討し、その結果に応じて行動し、できるだけ人の少ない方の店に行こうとする。誰もがこのように行動すれば、そのうちにその店には同じ平均の人数が訪れ続けることになり、ずれは着実に少なくなっていく。この状況で作用する最後の因子が、過去の経験で記憶したことや分析したことを信頼する人と、そうしたことを信頼しない人や、選択をしないといけない場合のほんの一部でしか経験に頼らないような人がいるということだ。このため、人々が二つの集団に分かれる傾向にある――過去の経験に全面的に従う人と、過去の経験を無視する人だ。間違った選択をしたために、うれしくない（夕食にありつけず、つまらない夜を過ごす）度合いは、正しい選択をしてうれしい（すぐに夕食にありつけてずっと快適な夜を過ごす）度合いよりもずっと大きいので、ますます間違った選択をしないように注意を払うことになるはずだ。だから人は、賭けを分散して、長期的には、利用できるどちらの選択肢にも等しい確率で賭ける傾向にある。大胆な戦略を取るほど、損をする度合いは得よりもずっと極端になる。そのために、実に慎重で、集団の意思決定としての最適なパターンにはほど遠い選択が行われ、どの店も満席とまではいかないのだ。

95　便利な弁説のお勉強

世の中には二つの集団がある。一つは、世の中の人は二つの集団に分けられると考える人の集団で、もう一つはそうは考えない人の集団だ。

出典不詳

ジョン・ヴェンは、イングランド東部、漁港のあるハルの近くの出身で、将来有望な数学者が誰しもそうしたようにケンブリッジ大学に進み、一八五三年にゴンヴィル・アンド・キーズ・カレッジの学生となった。数学で五本の指に入る成績で卒業し、教育助手の給付金を得た。その後四年間カレッジを離れ、英国国教会低教会派の重鎮だった著名な父と祖父の例にならい、一八五九年に司祭に叙任された。ところが、目の前に開かれた聖職の道は進まず、一八六二年にキーズ・カレッジに戻り、論理学と確率を教え始めた。確率と論理と神学というつながりにもかかわらず、ヴェンは実際家でもあり、機械を作るのが結構うまかった。クリケットのボールを投げる機械を作り、一九〇九年にケンブリッジを訪れたオーストラリアのクリケット遠征チームのメンバーを四回負かしたこともあった。

ヴェンの名を有名にしたのは、論理学と確率の講義の方だった。一八八〇年、論理学的な可能性を表すために、便利な図を導入した。これはすぐに、偉大なスイス人数学者レオンハルト・オイラーと、オックスフォード大学の論理学者でありヴィクトリア朝に超現実的な作家として活躍したルイス・キャロルが使っていた図に取って代わった。この図は、一九一八年には「ヴェン図」と呼ばれるようになった。ヴェン図では、可能性を、空間の領域で表した。この簡単な例では、二つの属性についてのあらゆる可能性が表されている。

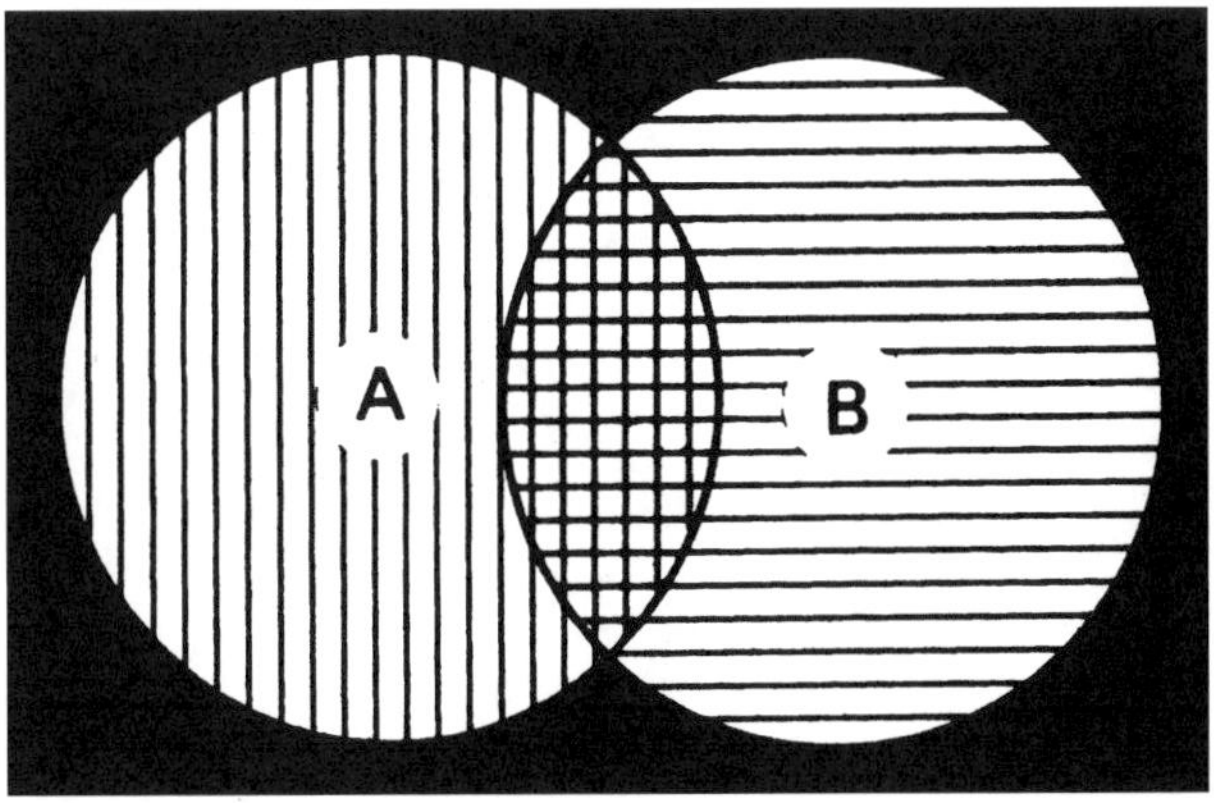

Aはすべての茶色い動物の集合で、Bはすべての猫の集合だとしよう。すると、重なった格子の領域には、すべての茶色の猫が入る。Bと交わらないAの領域には、猫以外のすべての茶色い動物が入る。Aと交わらないBの領域には、茶色ではないすべての猫が入る。そうして、AとBの外側の黒い領域には、茶色い動物でも、猫でもないすべてのものがある。

こうした図は、存在しうるさまざまな可能性の集合を表すために広く使われている。だが、これを使う際には、用心しないといけない。ヴェン図は、それが描かれる二次元のページ上の「論理」という制約を受けるからだ。円A、B、C、Dで、四つの異なる集合を表すとしよう。これらは、アレックス、ボブ、クリス、デイヴの四人の間に存在しうる三人の友人どうしの集合を表す。領域Aは、アレックスとボブとクリスという友人どうしを表す。領域Bは、アレックスとボブとデイヴのという友人どうしを表す。Cは、ボブとクリスとデイヴという友人どう

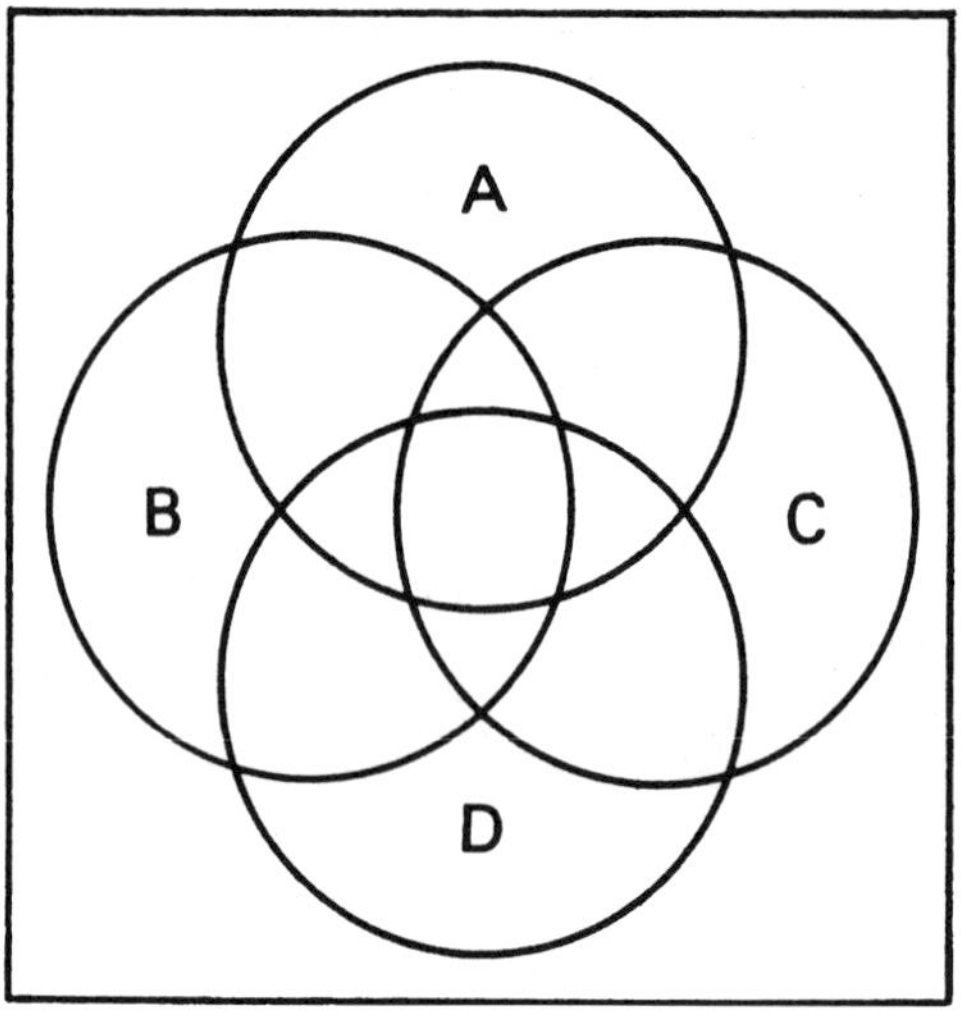

しを、Dは、クリスとデイヴとアレックスの間という友人どうしを表す。ヴェン図のようにこれを描くと、A、B、C、Dすべてが交わる小さな領域が現れる。つまり、この重なり合った領域には、A、B、C、Dのどれにも属する人が入る。しかし、これらの四つの集合すべてに入る人はいない［Aにはa、b、cの三人、Bにはa、b、dの三人、Cにはb、c、dの三人、Dにはc、d、aの三人がそれぞれ入ると考える］。

96 無理なものにあるいくつかのメリット

神秘論とは、それ自身の否定に等しい命題を研究することだと述べることができるだろう。西洋的な見方をすると、そのような命題の集合は空(くう)となる。東洋的な見方をすれば、そうした集合は、それが空でない場合に限り空であるとなる。

レイモンド・スマリヤン〔アメリカの数学者〕

コピーには、見た目以上の意味がある。ヨーロッパでコピーを取れば、あまりによくできているので当然のことと思いがちな特徴の恩恵をすぐに受けることになる。A4サイズの紙を二枚、表を下にして、横に並べてコピー機の上に置くと、サイズを縮小して、一枚のA4の紙に横に並べて印刷することができる。縮小コピーは紙にぴったり収まって、できあがりには、みっともない黒い縁などついていない。これをアメリカで、あちらでは標準的なレターサイズの紙でやってみれば、まったく違う結果になるだろう。では、どうしてそうなるのか。それに、これが数学や無理なことと何の関係があるのだろうか。

国際標準化機構（ISO）が定める紙のサイズ——A4もそのひとつ——は、ドイツ人物理学者のゲオルク・リヒテンベルクが一七八六年に初めて見つけた簡単な事実に由来している。いわゆるA列のそれぞれのサイズは、もうひとつ大きい紙の半分の面積になっている。横の長さが半分で、縦の長さは同じだからだ。だから、同じサイズの紙を二枚横に並べれば、次に大きいサイズの紙になる。たとえば、A4の紙を二枚並べるとA3になる。縦の長さをL、横の長さをWとすると、$\frac{L}{W} = \frac{2W}{L}$になるようになっている。そのためには $L^2 = 2W^2$ でなければならず、したがって、辺の長さは2の平方根、すなわち一・四一にほぼ等しい無理数に比例する。つまり、$\frac{L}{W} = \sqrt{2}$ だ。

すべての紙のサイズの縦横の長さの比、いわゆる紙の「縦横比」が無理数になるところがA列の特徴だ。A0と呼ばれる一番大きな紙は、面積が一平方メートルと定義されているので、縦横の寸法は、それぞれ $L(A0) = 2^{\frac{1}{4}}$ メートルと $W(A0) = 2^{-\frac{1}{4}}$ になる。この縦横比から、A1の紙の縦の長さが $2^{-\frac{1}{4}}$、横の長さが $2^{-\frac{3}{4}}$、面積がちょうど1/2平方メートルになることがわかる。このパターンを続けていって、$N = 0, 1, 2, 3, 4, 5, \ldots$ の場合のANサイズの紙の寸法が次のようになると確かめることもできるだろう。

$$L(AN) = 2^{\frac{1}{4}-\frac{N}{2}} \text{ および } W(AN) = 2^{-\frac{1}{4}-\frac{N}{2}}$$

面積は縦掛ける横なので、ANサイズの紙の面積は、2^{-N}平方メートルとなる。

$\sqrt{2}$以外のどのような種類の縦横比でも選ぼうと思えば選べただろう。そうしたければ、古代の芸術家や建築家が愛してやまなかった黄金比を選ぶこともできただろう。この場合、$L/W = (L+W)/L$、すなわち $L/W = (1+\sqrt{5})/2$ となる紙のサイズを選択することになるが、実際にはこれは賢いことだとは思えない。

コピーの話に戻ると、$\sqrt{2}$の縦横比がもつすばらしさが明らかになる。そのすばらしさとは、A3の紙、あるいはA4二枚を並べたものを、仕上がりにまったくすき間を残さずA4一枚に縮小できるということとだ。コピー機の操作パネルに、七〇パーセント（あるいはもっと細かいことにこだわる製品なら七一パーセント）の縮小率でA2をA3にできると書かれていることだろう。それは、〇・七一がほぼ$\frac{1}{\sqrt{2}}$に等しく、A3一枚もしくはA4二枚をA4一枚に縮小するのにぴったりだからだ。LとWの二つの寸法は、$\frac{L}{\sqrt{2}}$と$\frac{W}{\sqrt{2}}$に縮小されて、面積LWは$\frac{LW}{2}$に縮小される。ANサイズのどの紙でももうひとつ下のサイズに縮小したい場合には、このようになる。また、拡大になると、操作パネルに表示されている数値は一四〇パーセントになる（あるいは、一四一パーセントとするコピー機もある）。$\sqrt{2} = 1.41$に近いからだ。縮小と拡大すべてにこの一定の縦横比が当てはまることから、図の相対的な形が同じままに保たれるという効果もある。紙の大きさがAシリーズの中で変わっても、正方形は長方形にならないし、円は楕円にならない。

ものごとは、アメリカやカナダに行くと、イギリスとは事情が変わってくるのがふつうだ。あちらで使われている米国規格協会（ANSI）規格の紙のサイズは、単位はインチと定義されていて、Aすなわちレターサイズ（8.5×11.0インチ）、Bすなわちリーガルサイズ（11×17インチ）、Cすなわちエグゼクティブサイズ（17×22インチ）、Dレジャーサイズ（22×34インチ）、Eレジャーサイズ（34×44インチ）がある。縦横比は、$\frac{17}{11}$、$\frac{22}{17}$と交互に二種類ある。だから、同じ縦横比のまま二枚の紙を一緒にコピーしたいなら、サイズを一つではなく二つ大きくするか小さくするかしないといけない。そのため、あるサイズの二枚の紙を縮小または拡大して、一つ下か上のサイズにすると、仕上がりの紙の縁にどうしてもすき間ができてしまう。アメリカのコピー機で縮小コピーや拡大コピーをしたい場合には、アメリカ以外の世界でやっているような$\sqrt{2}$という一つの無理数の係数に頼るのではなく、コピー用紙のトレーを入れ替えて、二つの縦横比の紙を入れないといけない。ときには、ちょっとした無理が役に立つのだ。

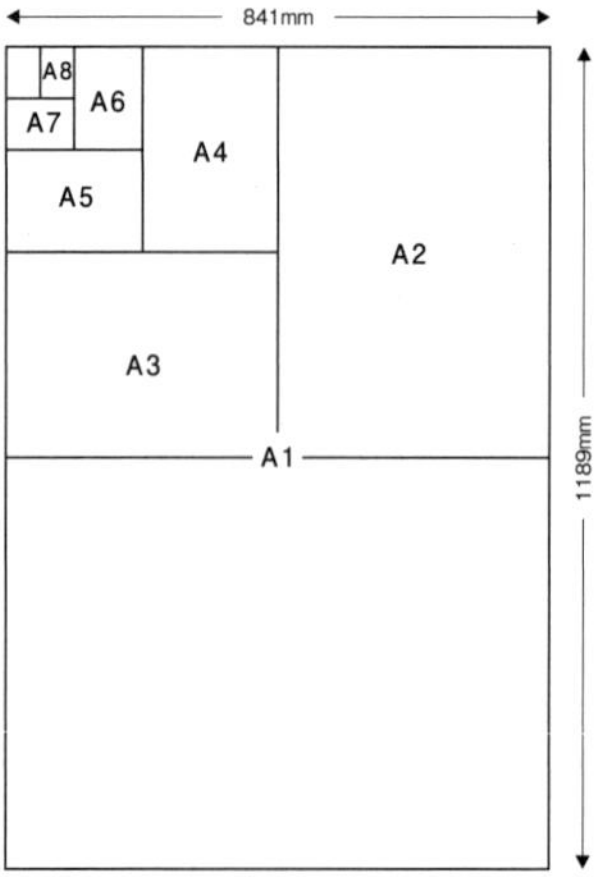

ISOのAシリーズの紙の図

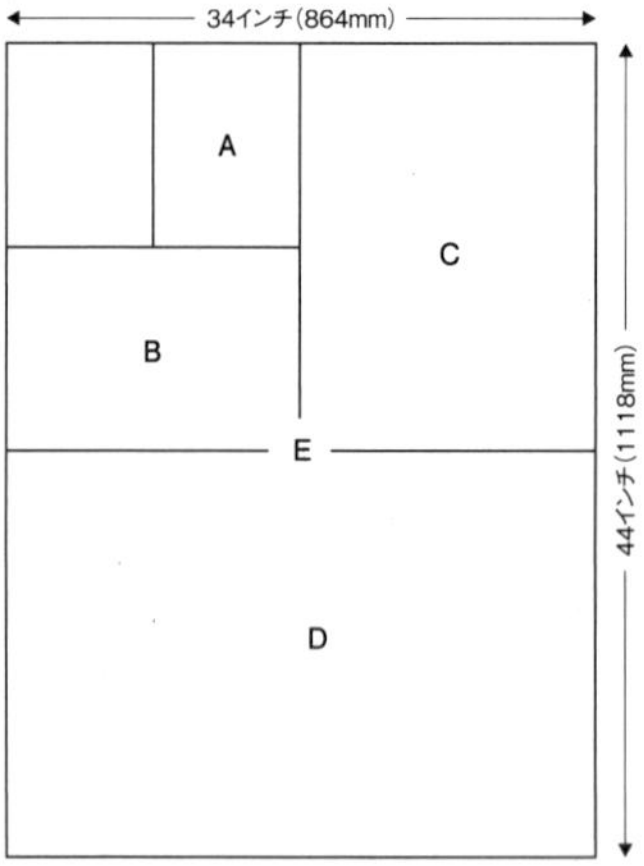

ANSIの紙サイズの図

97 奇妙な公式

決定に行動を足して計画を掛けたものは、生産性から遅れの二乗を引いたものに等しい。

アーマンド・イアヌッチ［イギリスのコメディアン、脚本家、映画監督］

数学は、一部の分野ではステータスシンボルになり、その結果、ふさわしいかどうか考えもせずに、やみくもに数学を使おうとする動きが見られる。何かの言葉を記号で表現しなおすことができるからといって、必ずしも私たちの知識が増えるわけではない。「三匹の子豚」のお話のほうが、すべての豚の集合と、すべての三つ組の集合と、すべての小さな動物の集合を定義して、この三つの集合が重なる交わりを取り出すよりも役に立つ。一七二五年にスコットランド人哲学者のフランシス・ハチソンが、こうした方面での興味深い試みを初めて行い、それが認められ、グラスゴー大学の哲学教授に迎えられた。ハチソンは、個人の行為にある道徳的な善を計算しようとした。ここには、物理的な世界を数学で見事に記述したニュートンの影響がいくらか見てとれる。ニュートンの採った方法は、物理以外の領域でも称賛を受け模倣されるほどのものだったのだ。ハチソンは、人間の行為の美徳、つまりどれほど善であるかを測る普遍的な公式を提案した。

$$\text{美徳} = \frac{\text{公共の利益} \pm \text{個人の利益}}{\text{善をなす生来の能力}}$$

道徳を算数で表したハチソンの公式には、おもしろい特徴がたくさんある。もしも二人の人が善をなす生来の能力を等しくもっていれば、大きな公益をもたらす人のほうが徳は高いことになる。同様に、二人の人が同程度の公益をもたらすなら、生来の能力が少ない人のほうが徳は高いことになる。

ハチソンの公式にあるもうひとつの要素、個人の利益は、正にも負にも寄与しうる（±）。ある人の行為が公のためにはなるがその人自身の害になる（たとえば、報酬のある職に就くのではなく、ただで慈善行為をする）なら、公共の利益＋個人の利益の影響で美徳がぐんと高くなる。しかし、その人の行為が公とその人自身も助けるものであれば（たとえば、近隣の所有地と自身の所有地双方の害になる見苦しい不動産開発を阻止する運動をする）、その行為の美徳は、公共の利益−個人の利益という因子のために低くなる。

ハチソンは、公式の各項に数値を入れることはしなかったが、必要とあらば入れるつもりはあった。この道徳の公式からは、目新しいことは何も引き出されないので、あまり役に立たない。この公式に含まれるすべての情報は、そもそもそういうものができるように当てはめられたものなのだ。美徳や個人の利益、生来の能力を測る単位を定めようとするどのような試みも、何から何まで主観的になり、測定可能な予測などはまったく不可能だろう。それでもこの公式は、言葉で言えば多くを要することを簡略に表した便利なものだ。

それから二〇〇年を経て、著名なアメリカ人数学者ジョージ・バーコフが着手した興味をそそる研究課題に、奇妙にもハチソンの一連の合理主義的な空想を彷彿とさせるものが出現した。バーコフは、美的な鑑賞力を数量化する問題に関心を抱いていた。研究生活の長い期間をこれに費やし、音楽や絵画やデザインで人の心に訴えかけるものを数量化する方法を探し求めた。多数の文化からの事例を集めて研究し、その成果をまとめた著書『美の尺度』は今なお読むに値する。驚くべきことに、すべてのことが、ハチソンの公式を思わせる一本の式にまとめられている。美の質は、秩序と複雑さの比で決まる尺度で測られるとしていたのだ。

$$美の尺度 = \frac{秩序}{複雑さ}$$

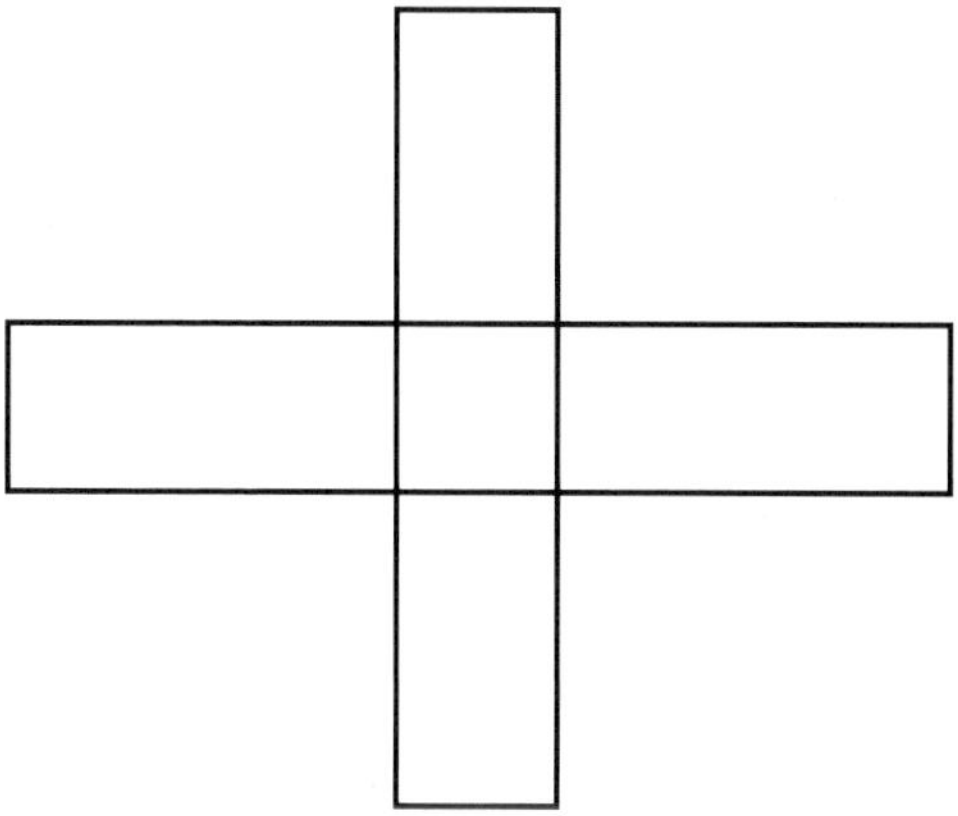

バーコフは、特定のパターンや形の秩序と複雑さを客観的に計算する方法を作る仕事に取りかかり、壺の形や、タイルのパターン、壁の装飾、デザインなどさまざまな種類のものにそれを当てはめた。もちろん、どのような美についての評価でもそうであるように、壺と絵画を比べても意味がない。ある特定の媒体や形式の中だけで比べないと意味がないのだ。多角形の場合、バーコフの秩序の尺度では、存在しうる四つの異なる対称性があるかないかで点数を足し、不十分な要素（たとえば、頂点間の距離が短すぎるとか、内角が〇度や一八〇度に近すぎるとか、対称性がないとか）についてはペナルティ（一点か二点）を引く。その結果得られた数値は、決して七を超えることはない。複雑さとは、多角形

の一辺以上を含む直線の数で決められる。よって、正方形なら四になり、ローマ十字（次の図のようなもの）なら八になる（水平の四本と垂直の四本）。

バーコフの公式は、数を使って美的な要素に得点をつけたところに価値があるが、残念ながら、美的な複雑さというものは、そのような簡単な公式で包含するには幅が広すぎるため、ハチソンのもっと粗削りな試みとは違って、多くの人が認めるような尺度を作り出すことができなかった。もしもこの公式を、大勢の人（数学者だけに限らず）の心を引きつける、どんどん小さくなるパターンが繰り返されるフラクタルのパターンに当てはめれば、秩序の点数は七を超えないが、パターンが小さくなるにつれ複雑さの度合いは大きくなり、美の尺度は、急速にゼロに近づいてしまう。

98 カオス

他の国々では未来が予測できないが、ロシアは過去が予測できない国だ。
ユーリ・アファナーシェフ〔ロシアの政治家、歴史学者〕

混沌（カオス）は、無知にきわめて影響されやすい。目下の事態についてわからないことが少しでも入り込むと、時の経過とともに急速にカオスが増大する。計算のために時間を進める回数に単に比例して増えるのではない。一回進めるごとにおよそ二倍になっていくのだ。この種のものの有名な例が天気だ。イギリスの天気を正確に予測できないのはよくあることだが、それは、私たちの予測が下手だからでも、物理学者が発見していない気象学についての特別な知られざる秘密があるからでもなく、現在の天候の状態を完璧には把握できていないからだ。国内のあらゆる地域にわたり、一〇〇キロメートルきざみで観測所があり、それほどの数ではなくても、海上にもあって、定期的に観測を行っている。しかし、それでもなお、観測地点間でかなり変動の余地がある。気象庁のコンピュータは、観測地点と観測地点の間については、おそらくこうなっているだろうと思われる補間式を使って推定しなければならない。残念ながら、こうした推定にあるほんのわずかな違いのために、未来の天気の状態が大きく違ってくることが多いのだ。

未来が現在に大きく影響されるというこの種の問題は、手頃な値段のパソコンが科学者の間で使われるようになった一九七〇年代から広く研究され始めた。この現象は「カオス」と名づけられた。ささいな程度の不確定性の影響が急速に増大するために、一見すると無害な最初の状態から、まもなくして予期せぬ結果に至ることを表している。映画産業は、映画『ジュラシック・パーク』でカオスをしっかり取り込んだ。映画では、小さな間違いから、恐竜が交配するようになり、壊れた試験管から惨事になり、事態が急速に悪化し、わずかな不確定性が大きく膨らんで、知らないことだらけの世界へと近づいていく。「カオス理論家」なる者さえ登場し、問題が雪だるま式に膨れて制御不能になるようすを見守る観客に、すべてを解説する。

カオスには、私たちが本や音楽や演劇から得ている、まったく数学的でない体験と共鳴するような、興味深い側面がある。私たちはどういうふうに、ある本なり劇なり音楽なりが「良い」とか、他のものより優れているとか評価するのだろうか。私たちはなぜ、『テンペスト』の方が『ゴドーを待ちながら』より良いとか、ベートーベンの第五交響国の方が、ジョン・ケージの「四分三三秒」という沈黙が四分三三秒間続く作品よりも良いとか考えるのだろうか。*

良い本とはまた読みたくなる本のこと、良い演劇とはまた観たくなる劇のこと、良い音楽とは同じ作品の演奏をまた聴きたいという欲求を起こさせるもの、そんなふうに論じる手もある。そうしたくなるのは、それらの作品には、カオス的な予測できないところが少しだけ含まれているからだ。『テンペスト』の舞台で演出や配役が少しでも違ったり、オーケストラや指揮者が違ったり、あるいは読者である私たちの心持ちが違ったりすれば、演劇や音楽や本の体験が丸ごと大きく違ってくる。平凡な作品には、そうした性質が欠けている。環境を変えても、同じように体験が丸ごと変わってくる。同じ体験をそのまま繰り返す必要はない。カオスは、避けたりコントロールしたりすべきものではないのだ。

カオスが存在しうるなら科学は終わりだと考える人もいる。世界のすべてのことについては、ある程度は知らないことがつねにあるはずだ。完璧な観測器具などないのだから。そうした不確定性がたちまち大きくなるのなら、どうして何かを予測したり理解したりが期待できるというのだろう。ありがたいことに、私が今いる部屋の中で、原子や分子のひとつひとつがカオス的に動いていても、全体としての平均的な運動は完全に予測できる。カオス系の多くにはこの素晴らしい性質があり、私たちは実際に、そうした平均的な量を使って起こっていることを計測している。たとえば室温は、室内での分子の平均速度を測ったものだ。たとえ、近くの分子やその他の密度の高い物質に何度かぶつかると予測不可能になるような履歴が個々の分子にあっても、衝突をした後も平均速度はかなり安定していて、十分に予測可能だ。カオスは、世界の終わりではない。

＊　どうして四分三三秒なのか（それであって別の値ではないのか）について、私はある事実を「発見」したが、そのことが、この作品について意見を交わした音楽家にとって初耳だったと知るたびに、私はいつも驚かされる。実は、二七三秒の時間は、標準的な分子の運動がすべて停止する絶対ゼロ度の摂氏マイナス二七三度からの類推により、ケージが音についても絶対的なゼロとして選んだからだったのだ。なんとケージは、自分の作品の中でこれが最も重要なものだと発言している。

99 うわの空

雲が好きでも、空を飛ぶのが好きでもない。飛行機なんか好きじゃない。航空業界でのさばっているまぬけな奴らみたいに、パイロットになりたいなんて思ったことはない。
マイケル・オリアリー、ライアンエアー〔アイルランドの格安航空会社〕のCEO

私がこれまでかけてきたのと同じ長さの時間、飛行機に乗るときに並んだことがあれば、ありとあらゆるばかげたサービスのことはご存じだろう。ばかげていようがいまいが、ライアンエアーのような格安航空会社はまったく気にしない。座席予約はいっさいなく、全部自由席なのだから。さらに、しばらくの間、できるだけひどい状態にしておくと得なこともあることに気がついた。他の乗客より先に搭乗できる「優先搭乗」権を買わせられると考えたのだ。子ども連れとか体が不自由な人向けの特別な優先措置はない。だから、そういう人たちのために搭乗がどんどん遅れていく。誰もが優先搭乗権を買ったらどうなるだろう。よくわからないが、これがこのサービスの最終的なねらいのような気もする。

民間航空機は、エコノミークラスの乗客のストレスを軽減し、搭乗の遅れを抑える様々な方策を蓄積している。座席は全部予約制で、子どもや余分に時間のかかる人は先に搭乗できる。会社によっては、座席番号順に搭乗させるところもある。前方に入口が一つだけの場合には、後方の座席の人が最初に乗り込み、座席に向かう乗客のじゃまにならないようにしている。文字で見ると結構なことのように思えるが、実際の現場では、誰かがかさばる荷物を頭上のラックに入れようとして通路をふさいでいたり、通路側の座席の人が、窓側の座席の人を通すためにしょっちゅう立たないといけなかったりと、誰もが誰かのじゃまになっている。もっといいシステムが作られるべきだ。

シカゴ近郊にあるフェルミ研究所を拠点に活動する、若いドイツ人天体物理学者のジェイソン・シュテフェンは、まさにそのことを考え、簡単なコンピュータのシミュレーションを使って、さまざまな搭乗戦略についての効率性の研究に取りかかった。シミュレーションでは、戦略に変更を加えたり、完璧を期したプランを混乱させるランダムな変化を追加したりできる。仮想の飛行機には座席が一二〇あり、中央通路の両側に六人ずつ座り、ビジネスクラスやファーストクラスはない。仮想の乗客全員が、手荷物をもっていて荷物入れにしまう。

入口が前方に一つしかない飛行機での最悪の搭乗プランは簡単に見つかった。前方から座席番号順に搭乗することだ。誰もが、先に乗り込んで手荷物をしまうのに忙しくしている乗客を押しのけて、自分の席にたどりつかなければならない。これが最悪なのはまったく明らかなのだが、航空会社はこのことから、最適な戦略はこの最悪の方針のちょうど反対だという結論を出してしまった。つまり、後方から座席番号順に搭乗させることだ。驚くべきことに、シュテフェンの研究から、これは実際には搭乗を遅らせる二番目に悪い方法であることがわかってしまった。それより悪いのは、前方の番号から搭乗するという方針しかない。座席番号に関係なくまったくランダムに搭乗する方が、まだましなくらいだ。さすがに最適な方法となると、もっと系統だっていた。窓際の席の人が、中央や通路側の席の人よりも先に搭乗して、同時に荷物をしまおうとする人の数を、一箇所に集中させるのではなく、飛行機の前方から後方まで散らばらせるというものだ。

偶数番号の列で窓際の座席の人たちが最初に搭乗すれば、前後の列が空いていて、荷物をしまうときに他の人のじゃまにならない。それなら皆が一度に荷物をしまえる。誰かが通路を歩いてきたら、空いた列に一歩退くことができる。後方の座席の人から搭乗させることで、他の乗客の横を通り抜けなくてもすむ。その後で、中央と通路側の席の人が搭乗する。その後、奇数番号の列の人たちが乗ってくる。

誰もが一から十までこの戦略通りにするとは限らない。幼い子どもは親と一緒でないといけないが、最初に搭乗させることもできる。それでも、この戦略を基本にすることでかなり大きく時間を節約できるだろう。このコンピュータのモデルから、さまざまな小さな変化を加えて（「問題を起こす搭乗客」の因子など）何百回と試行したところ、この方法が平均して、後方から搭乗する標準的な方法よりも約七倍も速いとわかった。シュテフェンは、これで特許を取ったのだ！

100 世界がひとつの村だったら

想像してごらん
すべての人が世界を分かち合っているところを

ジョン・レノン

ときに、森を見て木を見ないことがある。大きな数にのみこまれて、理解がおぼつかなくなる。億はおろか、万でも想像するのは難しい。ものごとを適当な大きさに切り分けると、もっと具体的にもっと素早く理解できるようになる。一九九〇年、世界の現状を表す有名な解説がなされた。* それは、世界の人口が縮小されて一〇〇人だけの村になり、人々のすべての属性もそれに応じて変えられたらどうなるだろうと問いかけるものだった。いったいどんな村になるだろう。

村にはアジア人五七人とヨーロッパ人二一人がいて、一四人は南北アメリカの人たちで、アフリカ人は八人だけになるだろう。七〇人が白人以外で、三〇人が白人になる。六人だけで村の富全体の五九パーセントを所有して、その六人は全員アメリカの人たちだ。一〇〇人の村人のうち八〇人が標準以下の住居に住み、七〇人が文字を読めず、五〇人が栄養失調にかかっていて、ひとりだけがコンピュータをもち、ひとりだけが大学を卒業している。おかしな村だ。

＊　世界が一つの村だったらという表し方は、一九九〇年にドネラ・メドウズが初めて発表したもので、もとは人口が一〇〇〇人だった。ラジオでのメドウズの話を聴いた環境活動家のデイヴィッド・コープランドがメドウズに連絡を取り、もとの統計データを、人口一〇〇人の村に当てはめて手直しした。コープランドは、一九九二年にリオデジャネイロで開かれた地球サミットで五万人に配布するために作成したポスターに、この解説を掲載した。メドウズが書いた「村の状態レポート」のオリジナル版は、一九九〇年に、『世界村には誰が住んでいる?』に発表された。これを最初に書いたのはスタンフォード大学教授のフィリップ・ハーターではないかという噂が流れたが、実際には、ハーターがしたのは、メドウズとコープランドのデータが書かれたEメールをインターネットで転送しただけだった。以下を参照のこと。
http://www.odtmaps.com/behind_the_maps/population_map/state-of-village-stats.asp

註

「本や長い記事にどっぷりひたるのは、かつては簡単なことだった。物語や論の展開に夢中になり、延々と続く文章の間をそぞろ歩いて何時間も過ごしたものだ。もはやそんなことはまれになった。今では、二、三ページも読むと、集中力がどこかに行ってしまう。そわそわしだし、文章の筋がわからなくなり、他にすることを探し始める。まるでいつも、気まぐれな脳をむりやり文章のところまで引き戻しているような感じだ。かつては自然に読書に没頭していたのに、今ではそれが骨折りになっている」

ニコラス・カー〔アメリカの評論家〕

（1） 鎖は、単位長さあたりの質量が均一で、どのようにでも曲げられ、太さはゼロとする。関数の $\cosh(\cdots)$ は、指数関数を使って、$\cosh(x) = (e^{x} + e^{-x})/2$ と定義される。

（2） 出せる限りの最大の加速度を $+A$ とし、したがって最大の減速度は $-A$ とし、また位置 $x = 0$ から $x = 2D$ まで車を押さなくてはならないものとする。最初は速度がゼロで、最後の速度もゼロだ。$x = 0$ から $x = D$ までの距離に $+A$ を適用すれば、$x = D$ に到達するには時間 $\sqrt{(2D/A)}$ がかかり、到達時点での速度は $\sqrt{(2DA)}$ になる。そこですぐ車に減速度 $-A$ を適用すれば、時間 $\sqrt{(2D/A)}$ のあいだ減速し続けた後に $x = 2D$ の地点で速度がゼロに戻る。事象が対称的なことからわかるように、これは、半分の距離を移動するのにかかった時間にちょうど等しい。つまり、車を車庫に入れるのにかかる時間の合計は、$2\sqrt{(2D/A)}$ となる。

（3）ランダムウォーク（酔歩）は拡散の過程で、拡散方程式で決定される。広がる幅をy、時間をt、一次元での進む距離をxとすると、方程式は$\partial y/\partial t = K\partial^2 y/\partial x^2$となる。$K$は、媒体の中での拡散のしやすさの尺度となる定数だ。よって、距離を調べれば、y/tがy/x^2に比例するはずだとわかる。したがって、tはx^2に比例し、直線距離$x = S$を進むには、S^2のステップが必要になる。

（4）この長さは、初めて量子論を明らかにして、量子論を切りひらいたひとり、マックス・プランクにちなんで、物理学者の間ではプランク長と呼ばれている。プランク長は、自然界にある三つの偉大な定数、すなわち光の速さのc、プランクの量子定数h、重力定数のGを組み合わせてできる数で長さを表す量は、これだけである。値は$(Gh/c^5)^{\frac{1}{2}}$に等しく、宇宙がもつ相対理論と量子論と重力にかかわる性質を一意的に表している。人間の都合のいいように選ぶことのできない長さの単位であり、そのため、日常的な単位からするととても小さく見える。

（5）簡単な例として、モンキー・パズルという図柄合わせのパズルを挙げよう。四つの縁をもつ正方形のパズルのピースが二五個ある。それぞれの側には猿の体の半分（上半身か下半身）が描かれている。猿の色は四種類あり、二五個のピースを並べて5×5の正方形にして、ピースが接するところでは、同じ色の猿の上半身と下半身がつながって一匹の絵になるようにする。すべての猿の半身が、同じ色の上下ぴったり合うピースと組み合わせられるような「正解」は、何通りのカードの並べ方から探さなければならないだろう。一つめのピースの置き方は二五通りあり、二つめには二四通り、三つめには二三通りとなり、こうやって二五個のピースを並べるのには25 × 24 × 23 × 22…× 3 × 2 × 1 = 25!通りあることになる。ところがそれぞれのピースを置く方向は四通りあるので、このうえに4^{25}通りの可能性があることになる。したがって、正しいパターンを見つけるために試される配置は、合計で25! × 4^{25}通りあることになる。これは、とてつもなく大きな数だ。この数をきちんと書いたら、一ページに収まり切らなくなるだろう。この膨大な数の並べ方を毎秒百万回の速さのコンピュータで検索するとしても、正解を見つけるためにすべてのやり方を調べるには、五三三三兆×一兆年以上かかるだろう。比較のために言うと、この宇宙が膨張を始めたのは、わずか一三七億年前だ。

（6）最適な候補者が$(r+1)$番めにいて、最初のr人の候補者を見送るなら、確実に最適の候補者を選べるが、こうした状況が起こる確率は$1/N$だけとなる。もしも最適な候補者が$(r+2)$番めにいれば、この人を選ぶ確率は$1/N \times (r/r+1)$になる。最適な候補者の位置をどんどん後ろにずらしていくと、その人を選べる全体的な確率は、これらの量すべてを足したものになる。つまり、$P(N, r) = 1/N \times [1 + r/(r+1) + r/(r+2) + r/(r+3) + r/(r+4) + r/(r+5) + \dots + r/(N-1)] \approx 1/N \times [1 + r\ln[(N-1)/r]]$になる。この最後の量、すなわち、$N$が大きくなるにつれ級数が収束していく量は、対数$\ln[(N-1)/r] = 1$のときに最大の値をとる。よって、$N$が大きい数の場合、$e = (N-1)/r \approx N/r$となる。したがって、ここで$P(N, r)$がとりうる最大の値は、$P \approx r/N \times \ln(N/r) \approx 1/e \approx 0.37$となる。

（7）もっと正確に言えば、最初のN/e人の候補者を見送れば、最適な人を見つける可能性は、Nが大きくなると、だんだん$\frac{1}{e}$に近づいていく。この$e = 2.7182\dots = 1/0.37$は、自然対数の底を定める定数のこと。

（8）ひとりの人が自分の誕生日と同じではない確率は364/365なので、もしもG人の客がいてそれぞれの誕生日がばらばらなら、自分の誕生日がそのうちの誰とも同じではない確率は$P = (364/365)^G$となる。したがって、自分の誕生日と同じ人がひとりはいる確率は$1-P$となる。Gが大きくなるにつれ、Pはゼロに近づき、自分の誕生日がそのうちの誰かひとりと同じになる確率が1に近づく。Gが$\log(0.5)/\log(364/365)$、すなわちおよそ二五三人を超えるとき、$1-P$が〇・五を超えることがわかる。

（9）ここでも、誕生日が重ならない確率の計算から始める方が考えやすい。N人いるなら、その確率は$P = 365/365 \times 364/365 \times 363/365 \times \dots \times [365-(N-1)]/365$に等しくなる。最初の項は、最初に考える誰かが自分の誕生日を自由に選べる（三六五日のどれでもよい）ことからこうなっている。第二項は、次の人が最初の人と同じ誕生日にはならない場合にとりうる分数になる——三六五通りのうち三六四通りしか選べない。すると第三項は、最初とその次のどちらとも誕生日が同じにならないようにするには、三六五日のうち三六三日しか選べない。これがずっと続いて、第N項は、それまでの$N-1$項と同じ誕生日にはならないためには、三六五日のうち三六五から$(N-1)$を引いたものしか選べない。だから、二人が同じ誕生日になる確率は、$1-P = 1-N!/\{365^N(365-N)!\}$となり、これは、$N$が二三人を超えると〇・五より大きくなる。

(10) 確信をもてる確率を九五%から、たとえばP%に変えれば、この図の中の三つの間隔の長さは、それぞれ、$1/2 \times (1-P/100)$、$P/100$、$1/2 \times (1-P/100)$になる（$P = 95$を代入すれば先ほどの答えになることを確認しよう）。前と同じ論理にしたがえば、Aの地点で、未来は過去よりも$[P/100 + 1/2 \times (1-P/100)]/1/2 \times (1-P/100) = [100+P]/[100-P]$倍長い。だから、何かが、現時点まで存在した長さよりも$[100-P]/[100+P]$倍以上、なおかつ$[100+P]/[100-P]$以下続く確率がP%ある。Pが一〇〇%に近づくにつれ、よりいっそう確実でなければならなくなるので、予測はどんどんぼやけていく。九九%の確率なら、現時点までの存続期間の1/199倍は今後も続くが、一九九倍までは続かない。一方、精度をたとえば五〇%まで落としたら、存続する期間の範囲は、現時点までの存続期間の$\frac{1}{3}$倍から三倍となる。かなり狭い範囲だが、これが正しい確率は、心配するほど高くはない。

(11) マクローリン級数とは、一変数xによる関数fを、多項式の項による級数で近似したものである。タムは、要求に応じて、$f(x) = f(0) + xf, . . . x^n f'(0) + . . . x^n f^{(n)}(0)/n! + R_n$と書いたのだろう。$R_n$は、$n = 1, 2, 3\cdots$の場合の、先の式の$n$項で$f(x)$を近似したときの誤差、あるいは余りを表す。タムが導き出すように求められた余りの項は、$R_n = \int_0^x x^n f^{(n+1)}(t)/n!\, dt$と計算される。盗賊の頭がもっと手強ければ、この式をもっと簡略化しろと要求したかもしれない。それは、yが0とxの間の何らかの値の場合の$R_n = x^{n+1} f^{(n+1)}(y)/(n+1)!$を求める平均値の定理を用いれば可能だ。コリン・マクローリンは、アイザック・ニュートンと同時代のスコットランド人である。

(12) この概算は、金利rがごく低い場合によく合う。もっと正確にしたければ、$r-r^2/2$で$\log_e(1+r)$を近似して、$n = 0.7/r(1-1/2r)$と見積もることができる。五%の金利の場合、$r = 0.05$になるので、投資額が二倍になる年数は、一四年ではなく一四・三六年になる。

（13）これは、物理学で「ディメンジョン法」と呼ばれる美しい応用例だ。テイラーは、爆発から時間tが経過した時点（起爆時刻を$t = 0$とする）での爆発の及ぶ球形の範囲の半径Rを求めようとした。それは、爆弾が放出したエネルギーEと、周囲の空気の当初の密度ρによって決まると推測される。公式$R = kE^a\rho^b t^c$が存在して、k、a、cが定められるべき数だとすると、エネルギーの規模がML^2T^{-2}、密度の規模がML^{-3}となり、ここでのMは質量、Lは長さ、Tは時間なので、$a = 1/5, b = -1/5, c = 2/5$になるはずだ。したがって公式は、$R = kE^{\frac{1}{5}}\rho^{-\frac{1}{5}}t^{\frac{2}{5}}$となる。定数$k$が1にかなり近いと仮定すると、求めようとしているエネルギーはだいたい$E = \rho R^5/t^2$で与えられることがわかる。何枚か写真を見比べれば、kも同様に決定できる。

（14）それは象（エレファント）だ！〔日本語で考えれば「えび」あたりではないか〕

（15）三桁の数ABCは、いずれも、$100A + 10B + C$のように書くことができる。最初に取るステップは、順序を逆にした数、$100C + 10B + A$を引くことだ。答えは、$99|A-C|$になる。直線の括弧は、負の符号を取り去った量にするという意味だ。すると$A-C$の量は2から9のあいだにあるはずなので、これに99を掛けると、三桁ある99の倍数のどれかになる。答えになりうるものは198, 297, 396, 495, 594, 693, 792, 891の八つしかない。中央の数字がつねに9で、残りの二つの数字が足すといつも9になることに注目しよう。したがって、これらのどの数でも、その数字の順序を逆にしたものに足せば、答えは1089となる。

（16）党首がpの確率で真実を語っているのなら、その発言が実際に正しい確率は$Q = p^2/[p^2 + (1-p)^2]$になる。この話の場合$p = 1/4$なので、確率は$Q = 1/10$になる。$p < 1/2$の場合はQがpよりつねに小さくなり、$p > 1/2$の場合はQがpをつねに超えることがわかる。$p = 1/2$のとき$Q = 1/2$になることにも注目のこと。

（17）もっと詳しい議論については、J. Haigh, *Taking Chances*, Oxford UP, Oxford (1999) の二章を参照。どのような結果でもそれを算出するのに必要不可欠な量は、引いた数 r に一致する確率が ${}^{49}C_6/[{}^{6}C_r \times {}^{42}C_{6-r}]$ 分の1だということだ。ここで ${}^{n}C_r = n!/(n-r)!r!$ は、n 個の数から選ぶことのできる r 個の異なる数の組合せが何通りできるかを表す数である。

（18）1, 1, 2, 3, 5, 8, 13, 21, 34, 55, 89 のようにずっと続き、n 番目の数を F_n と表すフィボナッチ数列を作れば（第三項以降のどの数も、その前にある二つの数の和になる）、$F_n \times F_n$ の正方形を、$F_{n-1} \times F_{n+1}$ の長方形に変えることでこの例を一般化できる。ここに挙げた例は、$F_6 = 8$ となる $n = 6$ の場合のものだ。正方形と長方形の面積の差は、カッシーニの等式 $(F_n \times F_n) - (F_{n-1} \times F_{n+1}) = (-1)^{n+1}$ から得られる。よって、n が偶数の場合、右側の辺は -1 に等しくなり、長方形が正方形より大きくなる。これに対して、n が奇数の場合、正方形から長方形になるときに面積が1だけ「失われ」る。驚くべきことに、n の値にかかわらず、差はつねに $+1$ か -1 になる。この問題を作ったのはルイス・キャロルで、ヴィクトリア朝のイギリスで有名になった。S. D. Collingwood, *The Lewis Carroll Picture Book*, Fisher Unwin, London (1899) pp. 316-7 を参照。

（19）もっと詳しい話は、Donald Saari, 'Suppose You Want to Vote Strategically,' *Maths Horizons*, November 2000, p. 9 を参照。

（20）トルコフスキーは、入ってくる光が最初に当たる面ですべて内側に反射するには、その面が水平から四八度五二分以上傾いていなければならないことを示した。一度めに内側に反射してから二度めに斜めの面に当たるとき、その面が水平から四三度四三分以下の傾きなら、光は完全に反射する。光が垂直に近い線（ダイヤの表面の水平面に近い線ではなく）に沿って出て行き、なおかつ出て行く光の色が最もよく分散するための最適な角度は四〇度四五分となることがわかった。現代のカットでは、個々の石の性質に合わせたり、スタイルに変化をつけたりするために、この値からわずかに外れることもある。

(21) すなわち、いかなる二つの量 x と y についても、つねに $1/2(x+y) \geqq (xy)^{\frac{1}{2}}$ が成り立つということ。これは、$(x^{\frac{1}{2}} - y^{\frac{1}{2}})^2 \geqq 0$ による。この公式にはまた、相加平均にはなくて相乗平均にはある魅力的な特徴が現れている。x と y の量が異なる単位で測られると（ドル／オンスとか、ポンド／キロとか）、異なる時点での $1/2(x + y)$ を比べても意味はないだろう。比較するには、x と y の両方が同じ単位で表されているようにしないといけない。しかし、$(xy)^{\frac{1}{2}}$ の量の相乗平均は、x と y が異なる単位で測られていても、異なる時点での値を比べることができる。

訳者あとがき

本書は、John D. Barrow, *100 Essential Things You Didn't Know You Didn't Know* (The Bodley Head, 2008) を訳出したものです（文中、〔 〕でくくったところは訳者による補足です。また、参照されている文献に邦訳がある場合には適宜付記しましたが、本書中の引用文の訳は、とくにことわりのないかぎり、本書訳者による私訳です）。

著者のバロウはイギリスの天体物理学者・数理物理学者であり、宇宙論や物理学の最先端にかかわる話や、宇宙から社会的・経済的現象まで、数学的な法則が活躍する話を取り上げて語る、すでにおなじみのと言ってもいいほどのサイエンスライターで、拙訳の『無限の話』、『宇宙に法則はあるのか』（いずれも青土社）など、邦訳も、かれこれ一〇冊近く出ています。本書（原題を直訳すれば『自分が知らないとは知らなかった一〇〇の基本的なこと』）は、そのバロウがインターネット上の雑誌、「＋ (plus) magazine」(plus.maths.org) に連載中の、Outer Space という記事にしたものなどをまとめた、数学にかかわる日常的な現象に関するエッセイ集です。中にはイギリス的な素材（クリケットのような）もありますが、日本でもふつうの風物に置き換えて考えることは容易なものがほとんどですので、思い当たることは多々あったり、見つけられたりできると思います。その底にある数理を見て楽しんでいただければと思います。

数学といっても幅は広く、簡単な算数を利用したトリック、図形、論理、解析、確率、統計など、学校で習うようなことに関することもあれば（習う学年はかなりばらつきますが）、数え上げ、グラフ（頂点と辺でできた図形）、充填問題といった、簡単なようで奥の深い、最先端の数学にもかかわる話まで幅広く、しかも、それが日常やそこに近いところにあてはめられる例を見つけて取り上げています。

私たちは日々、たとえば数字に触れて暮らしていますが、そのわりには、自分で計算することはあまりないのではないでしょうか。電卓があるからという単純なことだけではありません。電卓を使うとしても、そこに入れている数字の意味（たとえば単位などから始まって）に注意を払うことも少ないのではないでしょうか。訳者の一人（松浦）が子どもの頃は、まだそろばんがあたりまえで、そろばんを習うと名数・無名数という区別を習ったりしたものです。その頃習ったことは、事実上、円（¥）がつくかつかないかだけの違いだけでしたが、それでも、数にその区別があることを意識するというのは、案外重要なことだったように思います。

ところが、今はこの名数・無名数という言葉そのものがあまり通用しないという場面に遭遇することも多く、衝撃というより、焦燥を感じたりすることもあります。あふれる数が、どれも性格が区別されないただの数になり、単位などは飾りにすぎないという意識になっているとしたら、計算を勉強することの意味もだいぶ失われているようにも思います。公式がおぼえられないという悩みはよくありますが、その悩みの半分くらいは、単位（あるいは次元＝ディメンジョンと呼ばれるもの）を意識することで解消されたりするものです。本書でもいくつか挙げられているように、日常には、単位への配慮を欠いているために意味が不明になっている場合もありますし、逆に、単位をうまく調節することで、単位と無関係な普遍的な法則が得られることもあります。単位ひとつとっても、数理の豊かな広がりを垣間見ることができるというわけです。

形も日常的に触れるもので、こちらについても同様のことが言えます。与謝蕪村の「菜の花や月は東に日は西に」という有名な句があり、それを絵に描いたものを見かけることもありますが、その絵に出て来る月が、三日月の形をしていることが結構あります。私自身の感覚でも、夕方といえば三日月が思い浮かぶことが多いので、そういう感覚に由来するものかとも想像しますが、でも、この蕪村の句には三日月形はありえません。月のいろいろな形がなぜできるかは、月と太陽と地球の位置関係による幾何学の問題にほかならず、形の根底にある数理や物理をとらえれば、蕪村のこの句から思い浮かぶ世界も変わってくるというわけです（その違いを限定や制限ととらえ、それを嫌う感情があることも承知はしていますが、蕪村の句が三日月でも成り立つようにするとしたらどういうことが考えられるかと考えれば、ちゃんと別の可能性——たとえばSFの設定——を考える余地は生まれます。制限があることは、楽ではありませんが、不自由でつまらないものとはかぎらないと思います）。

数学は抽象的な学問と言われ、また抽象性ゆえに価値がある部分というのも確かにあります。日常的な意味を捨象すればこそ、普遍的に通用する構造も得られるわけです。でも、その抽象的なものも、ひとまずは身のまわりの手が届く世界に発して築き上げられているとも考えないと、数も図形も数学も、単位も意味もない、平板で無表情な、無縁の世界の話になってしまうようにも思います。逆に、数にかぎらず、数学の日常的な意味を意識することには、世界の見え方を変えるような力があるのではないでしょうか。確かに、原題の言うように、私たちは「知らないとは知らなかったこと」に囲まれて暮らしているようです（そして往々にして、「知らないこと」は「ないこと」だと錯覚もします）。

ただ、そこを知るためには、やはり考える必要があります。日常的な素材を数学的に扱おうと思えば、かなり意識して論理の筋道をたどる必要があります。ある意味で、その部分こそが数学だと言えるでしょう。エウクレイデスの昔から、数学（幾何学）にてっとりばやく進める道（王道）はないというわけです。まずは気にしてみましょう。本書を通じて、日常的に触れる数や形を通じて数学的な意味を感じ、さらにそちらから数や形を見られるようになっていただければ（著者自身、何か見つけるとネタ帳に取り込んでいるようです）、あるいはそのきっかけにしていただければと願います。

本書の翻訳は、青土社の篠原一平氏のはからいにより手がけることになり、松浦と小野木の二人で進めることになりました。まず、またバロウを翻訳する機会を与えていただいたことに感謝します。翻訳に際しては、小野木が全体の訳文を用意し、松浦がそれに手を入れるという形をとりました。原稿ができてからの実務については、青土社編集部の足立桃子氏に見てもらい、数字や式のこまごました要望にも応じていただきました。また、装幀は高麗隆彦氏に担当していただきました。記して感謝します。

二〇〇九年五月　訳者を代表して

松浦俊輔

数学でわかる100のこと

いつも隣の列のほうが早く進むわけ

2009年7月1日　第1刷印刷
2012年7月5日　第2刷発行

著者——ジョン・D・バロウ
訳者——松浦俊輔＋小野木明恵

発行者——清水一人
発行所——青土社
東京都千代田区神田神保町1-29 市瀬ビル　〒101-0051
電話　03-3291-9831［編集］03-3294-7829［営業］
（振替）00190-7-192955

印刷所——ディグ

製本所——小泉製本

装丁——高麗隆彦

ISBN978-4-7917-6489-1 Printed in Japan